可持续

时尚服装

创新设计与经营管理研究

张馨月

著

新 华 出 版 社

图书在版编目（CIP）数据

可持续时尚服装创新设计与经营管理研究 / 张馨月

著 . -- 北京：新华出版社，2024. 8. -- ISBN 978-7

-5166-7553-3

Ⅰ . TS941.2

中国国家版本馆 CIP 数据核字第 2024FS6378 号

可持续时尚服装创新设计与经营管理研究

作者：张馨月

责任编辑：蒋小云

出版发行：新华出版社有限责任公司

（北京市石景山区京原路 8 号　邮编 :100040）

印刷：北京亚吉飞数码科技有限公司

成品尺寸：170mm×240mm　1/16　　印张：14.5　　字数：230千字

版次：2025年4月第1版　　　　　　印次：2025年4月第1次印刷

书号：ISBN 978-7-5166-7553-3　　定价：86.00元

微店　　　　　视频号小店　　　京东旗舰店　　　微信公众号

喜马拉雅　　　小红书　　　　淘宝旗舰店　　　企业微信

前　言

　　在社会环境的影响、人们意识的觉醒及国家政策的支持下,可持续设计理念的应用越来越成为纺织服装领域发展的要求之一。"可持续时尚",简单来说就是更加绿色、环保,并贯穿设计、生产到消费环节的一种新时尚理念。可持续性服装设计是实现时尚可持续发展的重要手段之一,它是从系统论的观点出发,对各种因素进行优化组合,使服装在生产或使用过程中解决部分时尚行业涉及的环境与社会的发展问题。

　　可持续服装设计作为一种新的服装设计理念无疑是应当值得推广的,但是在推广的过程当中,也存在着许多问题需要解决。可持续性服装设计方法的研究归根结底是为了解决时尚行业的发展问题,是对复杂系统内诸多因素的能动调节。因此,需要明确设计问题、设计目的、设计要求及设计要素,才能使设计更具有目标性。可持续性服装设计思维的建立需要基于服装生命周期的特征提出设计的基本原则,才能使设计更具有方向性。由于时尚行业涉及面广,因此对于可持续性服装设计方法的应用研究,不能仅基于个人的实践分析,需要依靠一个完整的教育体系才能得以落实,才能使设计实践具有保障性。本书即是出于此目的展开的分析。

　　本书内容共有七章。第一章综合分析了可持续性服装设计提出的背景与必要性。第二章简要介绍了服装设计的基本原理。第三章至第七章是可持续设计理念与服装设计、经营管理的全面结合,包括纺织与服装制造技术、可持续时尚服装创新设计之方法论、消费者心理与时尚决策、可持续时尚服装市场营销策略与品牌建设、可持续时尚服装的营销管理与传播等。

　　综观本书,本书在内容结构与写作方法上主要表现出如下特点。第一,结构清晰。本书从可持续服装设计的宏观背景出发,由浅入深,逐步分析了可持续服装设计的原理、技术、方法与经营管理,整体结构十分清晰。第二,内容全面。本书内容共有三部分:对背景的分析,对服装设计的分析,对服装经营管理的分析。这三部分可说是贯穿了服装从设计到制作再到营销的全过程,内容十分全面。第三,创新性强。可持续设计是现代全设计研究的热点,本书紧密围绕这个热点展开分析,书中还提及了许多服装设计中的新概念,如绿色染整与表面处理技术、低碳与零浪费生产方法、智能制造与自动化、大数据等。

本书在写作过程中参考了许多相关的学术著作与论文,在此向其著作者表示由衷的感谢。同时对于书中由于种种原因存在的一些缺陷与不足,也希望各位读者能够予以谅解,并提出宝贵意见。

鲁迅美术学院　张馨月

2023 年 11 月

目　录

第一章 | 绪 论

　　可持续时尚服装创新设计与经营管理研究是当代时尚产业的重要议题。在追求时尚的同时，该研究致力于寻求环保材料、循环设计和社会责任等方面的创新。设计师在面临日益严峻的环境挑战时，通过研究可持续设计原则，致力于减少环境足迹。在经营管理方面，企业通过推动可持续采购、供应链透明度和社会责任项目，实现商业和环保的双赢。这一研究领域的不断深入，为时尚产业注入新的理念和实践，推动了行业向更可持续和负责任的方向发展。

第一节　全球环境挑战与绿色发展的必要性

一、全球环境挑战的严重性

全球环境面临多重挑战,对人类和地球的生态系统产生了严重影响。

(1)气候变化:温室气体排放不断增加,导致全球气温上升。这引发极端天气事件,如暴雨、干旱、飓风等,对农业、生态系统和人们的生活产生负了面影响。

(2)生物多样性丧失:物种灭绝速度加快,生态系统遭受破坏。这种趋势给食物链、生态平衡和人类经济活动都带来了潜在威胁。

(3)污染问题:水、空气和土壤污染严重,影响人类健康和生态系统。工业排放、塑料污染和化学物质的使用加剧了这一问题。

(4)资源耗竭:不可持续的资源利用,如石油、水和森林,使其面临枯竭和耗尽的风险。

这些挑战已经威胁到人类的生存和地球的生态平衡。解决这些问题需要全球合作和长期的可持续发展计划。

二、绿色发展的概念和必要性

生态文明绿色发展是指在经济发展的同时,注重保护环境、节约能源、减少污染,实现可持续发展的一种发展模式。

当前全球面临着多种环境问题,包括气候变化、水资源短缺以及生物多样性丧失等。在这样的背景下,生态文明和绿色发展理念显得尤为重要。生态文明绿色发展强调保护生态环境的重要性,通过倡导绿色生产方式和低碳生活方式,有效减少污染物的排放,维护自然生态系统的完整性,并保护人类所依赖的生存环境。

生态文明和绿色发展的实施,对于减缓全球气候变化的影响具有重要意义。它鼓励采用可持续的发展模式,促进资源的合理利用和循环利用,减少对环境的破坏。通过鼓励使用清洁能源、推广节能减排等措施,有效减少大气污染物的排放,提高空气质量,保护人们的健康。

此外,生态文明绿色发展还提倡尊重自然、尊重生命,鼓励人们树立可持续消费理念,选择环保、可再生的产品和服务。通过推动环保产业的发展,提高环保意识,加强环境保护意识教育,让人们深刻认识到保护生态环境的重要性,激发大众的环保意识和行动。

生态文明和绿色发展不仅有助于促进经济的可持续增长,而且在长期内具有更为持久和健康的经济前景。传统的经济发展模式常常以环境损害为代价,通过短期内的经济增长来实现,但这种方式在长期视角下,往往会破坏环境,甚至可能引发经济发展的停滞和倒退。

相反,生态文明和绿色发展注重经济与环境的协调发展。这一理念通过推动绿色产业的发展以及加强环境治理等手段,实现了经济的可持续增长,同时也保护了宝贵的环境资源。这意味着,可以在不损害未来世代资源和生活质量的情况下,实现持续的经济繁荣。

生态文明和绿色发展将成为未来经济和社会发展的主要趋势,为可持续的未来提供更为可行和可持续的路径。这不仅有助于满足当前的经济需求,还确保了子孙后代能够继续享有清洁的环境和可持续的经济增长。

三、全力促进经济社会的全方位绿色化进程

(一)构建生态经济新框架

为促进经济领域的绿色转型,必须首先准确地衡量自然资源及其所提供的生态服务的价值,从而实现资源的高效利用和生态保护。而这需要从供应侧进行创新,大力推动重污染产业向生态友好、低碳及循环经济转变。对于高能耗、高排放项目的过度投资应予以限制,以保证环保产品的提供,强化经济结构的生态化,同时确保各产业的长期健康发展。在能源结构调整上,应积极倡导清洁煤炭的应用,并不断加强风能、水能、太阳能等可再生能源的研发和使用;支持新能源及生态产业的发展,推动产业结构向清洁能源、环保生产及绿色基础设施建设转变。此外,对于政策引导,需要制定并实施鼓励绿色发展的策略,以快速驱动

各产业向生态化转型。

（二）建设生态科技网络

生态科技创新是解决资源环境问题和推动"美丽中国"建设的核心部分。需要充分发挥市场的作用，推进绿色科技研发，优先选择绿色技术以及正确定价绿色产品。构建学院科研与企业之间的绿色科技协作平台，形成从科研到产业化的成果转化通道，培养一批国内外领先的生态创新企业，以此推动中国绿色科技的持续发展和升级。

（三）倡导环保生活方式

全社会都需要提倡节约和低碳的生态发展和生活方式，这是解决环境问题的根本方法。倡导节省资源、绿色低碳的生活方式，抵制过度消费和浪费行为。应该深化大众对生态文明生活方式的理解和实践，引导新的绿色生活潮流，营造鼓励绿色低碳生活的公众舆论，提高大众的环保意识，引导人们改变消费习惯。在日常生活中，大家应从每一个细节做起，节约能源、水资源和电力，使用环保产品，推广再利用公共物品，以及积极推广绿色环保的低碳出行方式。通过改变消费和生活方式，推动绿色生态化改革，使生产和生活方式向环保转型。

四、绿色消费行为

绿色消费的概念首次提出可以追溯到 1963 年，由国际消费者联盟引领。然而，直到 2001 年，中国消费者协会才明确定义了绿色消费的内涵，强调了其在现代社会中的关键地位。绿色消费旨在鼓励消费者选择并购买健康、未受污染的环保产品，同时强调了在整个消费过程中对废弃物的合理处理，以最大程度减少对环境的污染。这一明确定义既揭示了绿色消费的特点，又明确了其覆盖范围，包括了消费的各个环节，如选择、购买以及废弃物的处理。

研究学者 Mainieri 等人也认为，绿色消费行为是指在整个消费过程中，既要满足消费者的个体需求，又要对环境产生积极的影响。其根本目标在于在整个消费周期中，最大限度地减少对环境的不利影响。这意味着消费者在购物时应当考虑产品的环保特性,选择那些对大气、水源和土壤不会造成污染的商品。同时,绿色消费也包括了在使用产品后,正确处理废弃物以减少对环境的负担。这一综合性的消费理念为可持续发展提供了有力的支持,同时也强调了每个个体在保护地球和环境方面的责任。[①]

总之,绿色消费不仅是对产品的选择和购买过程,还涵盖了产品的生命周期管理,强调了对环保和可持续消费的承诺。这一理念已经在全球范围内得到广泛认可,旨在实现消费者和环境之间的和谐共生,最终减轻对环境的负担,实现可持续发展的目标。

第二节　服装产业的环境压力

一、服装产业带来的环境污染

随着人类历史的演进,人们的穿着方式已从最早的不穿衣物,发展到以树叶和草为衣物,最终演化成现代的以棉纺织品和各种面料为服装。尽管这一演进伴随着文明的进步,却也引发了一个与人们日常生活密切相关的挑战。现今,服装工业已经成为仅次于石油行业的全球第二大污染产业,其对生态系统造成的威胁令人震惊。

（一）快时尚污染

当谈到"快时尚"时,人们常常会想到速度、潮流和价格。这个时尚概念注重迅速跟随时尚趋势,并以相对较低的价格向广大消费者提供最新款服装。这种模式虽然满足了人们的消费意愿,背后存在着严重的环境问题。

现今,快时尚服装已经被视为一次性消费品,经常在穿几次后就会出现褪色和变形等问题,导致人们将这些快时尚服装扔掉,然后再购买

---

① 卫保卫, 孙庆国 . 中国服装产业绿色发展内涵与措施研究 [J]. 南方企业家, 2018（01）: 150-151.

新的。这种行为对环境造成了难以估量的影响。快时尚产业对地球资源造成了极大破坏。

此外,快时尚制造需要大量的水资源,主要用于染色和清洗织物。根据调查,每吨染色的织物至少需要 200 吨淡水。这对于许多国家的水资源供应构成了巨大压力。

在许多生产快时尚服装的国家,未经适当处理的有害废水被直接排入河流。这些废水中含有大量有毒物质,如铅、汞、砷等,对水生生物和当地居民的健康构成了严重威胁。这些有害物质还会随着河流进入海洋,最终扩散到全球,对全球生态系统产生负面影响。

因此,我们应该认识到快时尚的不可持续性,并积极采取行动,以减少其对环境的负面影响。选择购买质量更高、耐穿的服装,减少浪费,回收和再利用旧衣物,并支持那些致力于采用环保材料和生产方法的时尚品牌,为减轻快时尚对环境的破坏作出贡献。

（二）塑料污染

全球时尚行业在塑料污染方面的影响正逐渐成为不容忽视的环境问题。随着塑料制品在时尚生产过程中的广泛应用,塑料污染已经成为一个令人担忧的全球性挑战。据估计,时尚产业每年排放数以百万吨计的塑料废弃物,其中包括包装材料、合成纤维和其他塑料制品。

塑料污染对环境和生态系统造成了广泛而深远的影响。塑料制品的生产和处理过程产生了大量的温室气体排放,对全球气候变化产生了不可忽视的负面影响。此外,许多塑料制品在处理过程中会分解成微塑料,进而进入水体和食物链,对野生动物和生态系统造成严重危害。

"快时尚"已经演变成一种一次性文化,在欧洲和美国的家庭中引发了一股令人担忧的趋势。平均而言,每个家庭每年丢弃大约 30 公斤的衣服。令人震惊的是,这些被丢弃的服装中只有 15% 被回收、升级或捐赠,其余 85% 被送往垃圾填埋场或焚烧设施。造成这一令人担忧的浪费问题的一个重要因素是聚酯纤维在服装中的广泛使用,占纺织材料的 72%。聚酯的问题在于其塑料成分,这使其能够抵抗自然生物降解过程。

事实上,这些聚酯服装可能至少需要 200 年才能在环境中分解。这种一次性时尚文化的后果是深远的。垃圾填埋场的纺织品在几个世纪内都不会分解,还会导致有害化学物质和温室气体的释放。焚烧是另一种常见的处理方法,它会将污染物释放到空气中,对社区健康构成风险。值得庆幸的是,应对这场危机的意识和举措正在增强。可持续时尚品牌正在兴起,推广环保材料和合乎道德的制造工艺的行动也正在进行。消费者越来越意识到自己选择的影响,开始选择质量而非数量,并支持优先考虑可持续性的品牌。

此外,服装回收和二手市场的重要性正在得到认可。当人们面临快时尚带来的环境挑战时,时尚行业有望向更可持续、更循环的模式转型。这一转变需要政府、企业和个人的集体努力,以减少浪费,支持回收利用,并在时尚界做出负责任的选择。此外,还必须重新思考现有的服装方法,以确保有一个更光明、更环保的未来。

(三)微纤维污染

在人们的日常生活中,每次洗涤聚酯纤维、尼龙等材质的衣物时,约有 1900 条微小纤维会脱落,这些微纤维最终会向海洋每年释放大约 500000 吨,相当于约 500 亿个塑料瓶的负荷,聚酯纤维实际上就是塑料纤维,而聚酯纤维生产释放的碳排放量是棉花的两至三倍。最令人忧虑的是,这些微小的塑料纤维不会在自然环境中降解。

在这些不易降解的情况下,微小的水生生物开始摄取这些塑料纤维,然后这些小生物被小鱼摄食,小鱼又被更大的鱼摄食,最终,这些大鱼进入了人们的食物链,成为人类餐桌上的一部分。

进一步的研究表明,这些塑料颗粒中可能富含有毒化学物质,水中的鱼类吸收了这些有毒物质,会影响海洋生物的发育,进而影响整个生态系统中某些物种的种群数量。例如,这些微塑料颗粒在鲸鱼、海龟和其他海洋生物体内不断积累,最终导致它们因这种污染而死亡。

这些发现揭示了塑料纤维对海洋生态和人类健康构成的潜在威胁。保护海洋环境和减轻微纤维污染的影响需要采取综合性措施,包括减少使用塑料纤维、改进纤维捕捉技术和提高人们对这一问题的认识等。只有通过大家共同的努力,才能减少这一全球性挑战的影响,保护人类共有的环境和生态系统。

（四）水污染

全球时装产业对水资源的高度消耗成为当今亟待解决的关键问题。每年,时装业耗用约 1.5 万亿公升的水,要对 1 吨纤维布料进行染色,需要使用高达 200 吨的清洁水。这一巨大的水资源消耗使得时装产业成为构成水资源紧缺的重要因素之一,对全球范围内的水资源供应和生态系统构成了重大挑战。

与时尚产业的巨大需水量相比,令人担忧的是全球仍有数以亿计的人口无法获得清洁饮用水。这不仅是对人类基本权利的侵犯,也是一个严峻的人道危机。解决全球饮水困境需要协同努力,涉及政府、行业和公民个体的积极参与。

推动时装产业迈向更可持续的发展路径迫在眉睫。减少生产过程中对水资源的过度依赖,采用更环保、节水的生产技术,以及倡导可循环再用材料的使用,都是实现这一目标的重要步骤。同时,加强对全球范围内水资源的保护和管理也至关重要,确保每个人都能够享有清洁的饮用水是人类共同的责任。

（五）碳排放污染

全球时尚产业对气候的巨大影响已经成为当前不容忽视的焦点。每年,时装产业产生的碳排放量约占全球总排放的 10%。这一庞大数字让人深感警觉,特别是随着全球时尚产业不断蓬勃发展,每天涌现出数以万计的新服装,从生产、制造到运输的整个环节,耗费了巨额能源,导致大量温室气体的释放。

如今,快时尚成为主流,大部分服装选用合成纤维,如聚酯纤维、尼龙、丙烯酸等。然而,这些合成纤维的制作原料源自石油,这一生产过程比起种植天然纤维更为能源密集。值得注意的是,世界上大多数服装的生产地点集中在印度或孟加拉国等地,然而这些国家在生产过程中主要依赖煤炭这一极为"肮脏"的能源。煤炭的使用导致大量温室气体排放,对环境造成了严重污染,增加了全球暖化的风险。

时尚产业的庞大能源消耗和排放是当今世界亟需解决的挑战之一。切实减少时尚产业对气候的负面影响需要采取切实的措施,包括推动更可持续的纤维选择、改善生产工艺,并逐步实现能源的可再生和清洁化。全球时尚产业必须意识到其对环境和气候变化所造成的影响,并共同努力朝着更环保、更可持续的方向发展。

（六）森林砍伐

近年来,人们对时尚品牌所使用的材料开始越来越关注,尤其是涉及木材的人造纤维和莫代尔纤维等,这些衣物的生产往往需要大量的木材。这种需求导致了数千公顷的森林被砍伐。森林的消失不仅威胁着全球的生态系统,还对野生动物的栖息地造成了严重破坏,其对未来的影响令人担忧。

在过去的 20 年中,随着技术的发展和成本的降低,人们能够购买到更多样式的时装。现如今,人们购买的服装数量可能是祖辈时代的五到六倍。然而,许多人尚未认识到这种消费模式背后隐藏的巨大弊端。实际上,由于生产成本的不断降低,廉价时装的制造对地球环境造成的破坏是非常可怕的。尽管每件衣物看似微不足道,但随着时间的推移,这些问题的积累将直接影响到人类身上。当人们意识到这一点时,可能已经为时已晚。

因此,我们需要意识到时尚产业的可持续性问题,并采取行动来减少对森林资源的过度利用。这包括选择那些使用环保材料和生产方法的时尚品牌,减少浪费,购买高质量、耐穿的服装,并支持可持续发展的时尚概念。只有这样才能为保护地球的生态平衡贡献一己之力。[①]

二、探索可持续环保新道路:降本增效、减排增长

地球的自然资源的固有有限性为人们的生活与经济活动设置了实质性的限制。自工业革命以来,人类社会已经在过度地消耗这些资源,包括水、土壤、矿物和能源资源等。不断增长的全球人口、消费主义的生活方式以及传统的发展模式都在加剧这种消耗。土地正在被过度开发,水资源正在被污染,矿物资源正在被耗尽,化石能源正在被过度使用。这种模式下的经济增长已经不可持续,因为资源的供应是有限的,而资

---

① 刘思雨,安妮.服装产业环境污染对消费者生态消费意愿的影响[J].学术交流,2023（02）:159-164.

源的消耗是日益增长的。

这些资源的过度消耗和浪费给环境带来了巨大的压力。可以看到，气候变化、水资源短缺、土地退化、生物多样性的丧失等环境问题正在加剧，这些都是资源过度利用的直接结果。这些环境问题不仅威胁到生态系统的稳定和生物多样性，而且也对人类社会的经济发展和人民的生存与健康构成了严重的威胁。

面临着日益严重的生态危机需要积极应对这些生态危机，寻找新的解决方案。传统的高耗能、高排放的发展模式已经不适应新的经济环境和社会需求。新的经济环境需要转向一种更为可持续的发展模式，即绿色经济。绿色经济注重的是资源的有效利用和环保，它可以通过降低能源和资源的消耗，减少废弃物的产生，减少污染的排放，提高资源的再利用和再生能力，实现经济的可持续增长。

随着人们的环保意识提高，对生活质量的要求也在不断提升。人们越来越关注环境质量，对清洁空气、清洁水源、安全食品等有了更高的需求。这为探索代价小、效益好、排放低、可持续的环境保护新道路提供了社会基础。这种新的发展道路能够满足人们的生活需求，提升人们的生活质量，实现社会的可持续发展。

推进生态文明建设的关键在于采用新的思路和举措来解决资源和环境问题。过去，西方发达国家曾经采取了一种"先污染后治理"的发展模式，以牺牲环境为代价换取短期经济增长。然而，这种模式已经被证明在中国行不通，也无法满足发展需求，因此必须摒弃这种传统的发展观念，寻找一条代价小、效益好、排放低、可持续的环境保护新道路。

环境保护是生态文明建设的主要领域和根本措施，也是推进可持续发展的重点和攻坚方向。为了实现生态文明的目标，现需要采取一系列具体措施。首先，需要加快构建与中国国情相适应的环境保护宏观战略体系。这包括制定科学的环境保护规划，明确目标和路径，并加强协调配合，形成合力。其次，需要建立全面高效的污染防治体系。这意味着加强监测和预警，完善排污许可制度，强化污染治理和修复，推动企业实施清洁生产，提高资源利用效率。同时，还需要建立健全的环境质量评价体系，以科学的方法评估和监测环境质量，为决策提供依据。

在推进环境保护新道路的过程中，需要制定完善的环境保护法规政策和科技标准体系。这包括加强环境法律法规的制定和实施，加大环境执法力度，鼓励科技创新，推动环境友好型技术的研发和应用。此外，还需要建立完备的环境管理和执法监督体系,加强对环境违法行为的监管和处罚力度,确保环境法律法规的有效实施。最重要的是,需要构建全民参与的社会行动体系。这包括加强环境教育和宣传,提高公众的环境意识,引导公众参与环境保护行动,形成全社会共同参与的良好氛围。

走上这条新的环境保护道路是提高生态文明水平的必然趋势,也是解决资源和环境问题的出路。我们应该积极探索和实践环境保护的新道路,不断深化改革,加大投入和力度,确保环境保护成为目前的重要任务以及今后的长期工作。只有这样,才能不断提升生态文明的水平,实现经济社会的可持续发展目标,为子孙后代创造一个美好的生活环境。

三、积极推进环境污染防控

为了处理环境挑战并提升生活品质,环境保护需被置于重要地位。环境保护即生产力保护,环境改善则是生产力提升。现阶段,我国面对着严重的环境污染问题,如空气、水质及土壤污染等,这些问题对人民生活造成了显著影响。因此,我们必须团结协作,广泛参与,共同应对环境污染,推动环保改革。

（一）开启保护蓝天行动

针对严重的空气污染问题,我国已经制定了《大气污染防治行动计划》等一系列政策,并按此进行全面的大气污染治理。首先,需要强化区域协同和系统治理,从污染源头减少污染物的排放,如减少燃煤等污染源,调整能源结构,推广清洁能源,提高新能源的使用率,达到环保与发展共赢的目标。另外,还需加大对重点行业的监督力度,推动企业达标排放,对不能达标的企业,必须进行停业或整改。

（二）展开净水保护战

水资源的安全直接影响人民的生活和健康,因此必须进行有效的水资源保护和污染控制。首先,需要保护水源,避免水源地的污染,改善水环境管理体制,提高城市污水处理能力,降低水体污染程度。另外,还需要推动全面的水资源保护工作，防止工业和农业污水对水质的破坏，提升水环境质量。

（三）发起净土保卫战

土壤污染是一个长期、复杂且难以逆转的过程，因此必须坚定地防止和治理土壤污染。首先，需要控制污染源，减少化肥和农药的使用，提高农业废弃物的回收和利用率，推动有机农业的发展。另外，还需要改善农村生态环境，推进美丽乡村的建设，提高农村环境质量。

第三节 可持续与时尚并进

一、对"以人为本"服装设计思想的反思

在当今社会，常听到关于设计理念的口号："设计的目的是满足人的需求，而不仅仅是创造产品"和"以人为本"的设计原则。然而，"以人为本"并不仅仅是为了迎合个别人的特殊需求，应正确理解"以人为本"中所指的"人"不仅仅是个别人或少数人，更应该是指代整个社会、环境以及宏观的人类群体。在考虑满足需求和利益时，不能将其视为无条件的，而应该是合理的、考虑社会责任和道德的。

美国著名工业设计师雷蒙·罗维曾经提出过这样一句名言："最美的曲线是销售不断上涨的曲线。"这句话主要强调了设计的经济属性。由于设计能够带来经济利益，因此，设计往往被一些商家视为追逐利润的手段和工具，而忽视了社会责任和道德。在过去的商业设计中，由于追求盈利最大化，人们过分地强调了个体和少数人的需求，导致设计过度商业化，忽视了宏观的人类、整个社会以及自然环境。这种现象引发了资源匮乏、严重的污染等一系列问题。如今，人类面临着严峻的生态危机，这种危机也在威胁着人类的生存。

近年来，中国提出了"可持续发展"战略，这一战略的提出是人们对生态环境破坏的反思。可持续发展的核心理念是要在满足当代人的需

求的同时,不危害后代人满足其需求的能力。这种理念深受唯物辩证法的启发,其中强调了事物的普遍联系。

自然界是人类生存不可或缺的基础条件。地球上的资源是有限的,尤其是一些资源是不可再生的。这使我们必须谨慎管理和利用这些资源,以确保它们能够长期满足人类的需求。正如俗语所说:"皮之不存,毛将焉附?"如果人类的发展过程以对自然环境的破坏为代价,最终将威胁到人类的生存和发展。如果人类继续不加节制地满足各种欲望,将导致自然资源的枯竭,最终将威胁到人类的生存。在这种情况下,谈论"以人为本"将变得毫无意义。

因此,必须将自然资源视为人类生存和发展的重要物质基础。设计过程应当从自然出发,以确保人类能够在不破坏环境的前提下持续生存和发展。只有这样,才能实现可持续发展的目标,确保未来世代也能够享受资源和环境的恩惠。这种以自然为本的设计理念是确保人类能够永续发展的关键。

二、展望以自然为本的绿色服装设计

将目光投向未来,设计师们正在深入探讨工业设计与人类可持续发展之间的关系,旨在通过创新设计的方式促使人类与环境实现和谐共生。未来的设计理念将更加强调以自然为本,旨在实现人与自然之间的可持续共生关系。特别在服装设计领域,以自然为灵感的绿色设计将成为未来的主要趋势。

实现绿色服装设计需要立足于高科技和先进的设计理念,这种设计应能够有效地节约资源,最大程度地开发可利用资源,同时避免对生态平衡造成破坏和资源过度开采。这意味着设计出的服装必须具备先进的技术特性、良好的环境适应性,并有助于维护人与自然之间的生态平衡关系。

随着科技的进步和社会对可持续发展的不断关注,绿色服装设计将逐渐融入人们的日常生活,成为未来的主流趋势。设计师们将扮演关键角色,以创新的思维和技术解决方案来满足消费者对可持续时尚的需求。这不仅有助于保护自然环境,还能够为下一代提供更美好的生活空间。因此,以自然为本的绿色服装设计将继续引领未来的时尚产业,促进环境和人类的和谐共存。

三、可持续服装的重点方法

有一句俗语说得好："巧妇难为无米之炊。"这句话也适用于服装的绿色设计。实现绿色时尚的目标,首要任务是从面料的环保和可持续性入手。这意味着面料的生产、加工、穿着过程都必须对人体和环境无害,且在使用寿命结束后能够便捷地回收和再利用,或者在自然条件下分解降解。环保面料的选择和推广将有助于促进整体服装设计的生态化。

目前,已知的许多服装面料是从不可再生资源中提取的。例如,合成纤维是从石油中提炼而来,而石油是有限的不可再生资源。因此,绿色服装设计的一个重要目标就是尽量减少对不可再生资源的依赖,而更多地采用可再生资源。

此外,重视可回收面料的利用也至关重要。例如,中国著名的防寒服装品牌"波司登"羽绒服和"雪中飞"羽绒服,在其衬里面料的选择方面,已经采用了一种新型环保材料,与美国杜邦公司合作开发。这种面料在一定条件下可以快速降解,回收后还可以用于再制造其他原材料,从而实现了资源的循环再利用。

服装的绿色设计需要从面料选择和生产过程入手,以降低不可再生资源的使用,提高可再生资源的利用率,并鼓励面料的可回收和降解。这一综合性的方法有助于打造更加可持续和环保的时尚产业,为人类未来提供更多可持续发展的可能性。

随着科技的不断进步,当今世界正在见证一股环保时尚潮流的兴起,其中以竹纤维、大豆纤维、牛奶纤维、菠萝纤维、有机棉等新型绿色面料的涌现引起了广泛的关注。这些创新的可持续面料种类日益多样,吸引了人们的极大兴趣。

早在2009年3月底,河南服装协会邀请到来自美国设计师环保服饰交流协会的设计师茉莉安·拉贝,在河南工程学院学术报告厅发表了一场重要的演讲。在这个讲座中,她传达了绿色环保服装设计的理念,同时还通过模特的动态展示,展示了以有机棉、竹纤维、玉米纤维、大豆纤维、牛奶纤维和苎麻等材料制成的环保时尚。这一举措在当时引起了广泛的关注,有助于推动绿色时尚的普及。

同年3月,上海国际服装纺织品贸易博览会以"绿色时尚"为主题,展示了包括珍珠共混再生纤维素纤维在内的多种可循环纤维。这类纤维已经成功实现产业化,并被广泛应用于一些服装和家纺品牌的产品中。这标志着环保面料已经迈入了商业化的阶段,为可持续时尚的发展开辟了新的道路。

除了创新的纤维材料,还出现了一些绿色染色技术。这些有机染色方法旨在减少对环境的不良影响,为时尚业的可持续发展提供更多的可能性。

这一系列的进展表明,环保时尚不仅是一种趋势,更是一种积极的社会变革。新型环保面料的涌现以及对环保设计理念的推广,将为时尚产业带来更加可持续和富有责任感的未来。

(一)简约的款式

简约风格的服装设计是绿色可持续发展理念的有益体现,旨在减少资源消耗和材料浪费。这种设计风格强调极简主义,去掉不必要的装饰,相对于繁复的服装款式,它更加注重材料的精简使用,从而达到减少资源浪费的目的。此外,简约设计的服装不仅可以降低材料成本,还有助于简化制作过程,提高生产效率。

简约并不意味着平庸或缺乏设计感。在简约款式中,设计师有很大的发挥余地,可以巧妙地加入一些细微但独特的设计元素,使服装既保持了简洁的外观,又不失设计的精致和美感。这种设计方式充分彰显了"Lessismore"(简约即至美)的理念,以极简的方式创造出引人注目的服装。

对于服装设计师而言,倡导简约设计风格不仅意味着注重外观的简洁,还意味着要考虑服装的实用性和能源效率。这种设计理念有助于推动可持续时尚的发展,降低对有限资源的依赖,并减少对环境的不良影响。简约设计的服装既时尚又有助于实现可持续的时尚产业目标。

(二)一衣多穿

在如今的服装市场上,多用途服装已经成为一种备受欢迎的时尚选择。这些服装的灵感源于独特的设计,可以以不同的方式穿着,从而极大地提升了它们的实用性和价值。例如,一件半截裙,简单地添加两根肩带,就可以变身成一件时髦的吊带裙。

多用途服装的魅力在于，一件服装可以变化出多种不同的穿着方式，使消费者感觉就像购买了多件不同的服装。这种设计理念减少了资源的浪费，因为它以最少的面料创造了最大的多样性。消费者购买一件多用途服装，既省钱，又有机会为环保事业贡献一份微薄的力量。

因此，多用途服装实际上是绿色时尚的一部分，它秉持着"以少产多"的原则，使用更少的原材料和能源，却能创造更多不同的穿着方式，实现了经济效益和生态效益的统一。这种设计理念不仅有助于降低资源消耗，还能减少对环境的不良影响。

对于服装设计师而言，多用途服装为他们提供了无限的创作空间。他们可以发挥自己的创造力和想象力，设计出更多的多用途服装，满足消费者的需求，同时也为可持续时尚事业贡献力量。这一趋势表明，时尚界正在朝着更加可持续和环保的方向迈进，而多用途服装正是其中一个重要的创新方向。

（三）提高服装的可搭配性

在当今的服装市场中，经常可以看到成套销售和单品销售的服装。成套服装通常用于正式场合，而对于日常穿着，许多消费者更倾向于选择单品服装，因为这样可以根据个人偏好和需求进行自由搭配。服装的搭配不仅包括上下装、内外装的组合，还需要综合考虑帽子、鞋类和其他配饰的搭配。然而，有些服装单品虽然看起来精美，但其可搭配性较差，这使得购买者很难找到合适的配饰，导致这些服装的穿着频率和效用降低，同时也造成了资源的浪费。[①]

这种现象突显了对服装设计师的新要求，需要他们在设计服装时考虑如何提高可搭配性，以提高服装资源的有效利用。提高服装的可搭配性不仅有助于满足消费者的需求，还可以降低资源浪费，是一种积极的绿色设计方法。

为了提高服装的可搭配性，服装设计师可以采取多种策略。首先，他们可以选择更加多功能和通用的设计元素，如经典的颜色、简洁的剪裁和基本的图案，这些元素更容易与其他服装和配饰相匹配。其次，设

---

① 李克兢，解珍.展望以自然为本的绿色[J].生态经济，2009（10）：194-197.

计师可以提供搭配建议或推荐,以帮助消费者更轻松地选择适合的配饰。此外,品牌和零售商可以开展相关宣传活动,鼓励消费者学习如何最大程度地发挥服装的潜力,从而减少浪费。

绿色服装设计已经不仅仅关注生态可持续性,还更加注重人性化,以确保穿着的安全、舒适和外观的美观。设计师在创作时需要在人与环境之间找到平衡,以实现和谐共生的状态。

除了环保原则,设计师现在也积极考虑如何提供更好的穿着体验。这包括使用安全的材料,确保服装对皮肤无害,以及设计服装以提供舒适感。同时,外观的美观也成为绿色设计的一部分,使人们能够在绿色时尚中感到自信和时尚。

随着中国提出可持续发展的要求和人们环保意识的增强,善待环境的绿色设计已经成为未来市场的主流趋势。展望未来,以自然为本的服装绿色设计将成为整个时装行业的发展方向。科技的不断进步将推动更多环保友好的面料和设计方法的发展。这将有助于设计师解决环境保护和消费者需求之间的矛盾,创造出符合人们期望的时尚选择。

在这一进程中,服装设计师需要承担历史责任,积极开发和研发绿色设计服装,维护良好的生态环境,为下一代创造更宜人的生活空间。只有通过这种综合的努力,才能实现可持续的时尚,既保护了人类的星球,又满足了人们对美与时尚的追求。

四、绿色发展理念及生态服装概述

（一）绿色发展理念的概念

绿色是生命的象征、大自然的底色。今天,绿色代表着更美好生活和人民期望的希望。民有所呼,党有所应。科学发展观的提出,把绿色发展作为一个与中国全面发展有关的重要概念。绿色发展理念和其他四个发展理念相互联系,相辅相成。服装与生活息息相关,已成为人们与绿色发展相联系的必然结果。生态服装设计迎合了绿色发展的理念,在时装设计中使用环保面料至关重要。

（二）生态服装的概念

生态服装，又被称为绿色服装或环保服装，是指在经过生态纺织品测试后，获得相应标志的服装。它旨在确保服装的安全性和无毒性，以保护人体健康。生态服装在人们的日常生活中扮演着重要的角色，因为从服装的制作到废弃，每一个环节都具有环保的潜力。尽管完全的生态循环系统尚未完全实现，但这是人类共同努力的目标。

在生态服装的制作过程中，材料选择至关重要。首要选择的是天然、无污染的原材料，如棉、麻、丝、羊毛和皮革等，这些材料不含化学添加剂，对环境友好。此外，高科技面料如大豆纤维、牛奶纤维、天然彩色棉和莫代尔面料等也广泛应用，因其对环境的影响较小。这些材料在分解和再利用方面表现出色，有助于实现资源的循环利用。

另外，生态服装的配件，如按钮等，也趋向使用无污染的天然材料，如贝壳、布、石头、木头、角等，以及水果等材料，以降低对环境的负面影响。通过采用这些环保材料和设计理念，生态服装在保护人类的健康和地球环境方面发挥着积极作用。

（三）我国生态服装设计的发展趋势

随着绿色经济理念的普及和全球环境问题的加剧，越来越多的设计师开始将他们的创意与生态环境保护紧密结合。知名的服装品牌纷纷推出以生态为主题的服装系列。在国际范围内，不断涌现出可降解和可回收的面料材料，如玉米纤维、竹纤维和大豆纤维，以满足对可持续时尚的需求。

然而相较于一些发达国家，中国在生态服装设计领域存在一定差距。尽管如此，随着人们对环保的认知不断提高，追求与自然和谐相处、回归本真的生活方式也逐渐兴起。这一趋势将促使中国的生态服装面料设计逐渐流行起来。

中国拥有丰富的纺织产业资源和制造能力，因此在推动生态服装设计和生产方面具有巨大的潜力。随着消费者对可持续性的日益重视，中国的服装行业将不断演化，朝着更加环保和可持续的方向发展，以满足市场需求和环保意识的共同推动。

从设计的角度来看，生态服装的考量不仅仅限于材料的环保性，还需关注生产过程中的能源消耗以及整个生产流程是否具备生态友好特征。这种全面考虑的方法必须体现生态发展理念,以便在服装的整个生命周期管理中得以体现。

在生态服装的制造中,需要确保从原材料采购到最终成品的整个生产和加工链都不会对人类、动物和植物造成污染。这意味着选择材料不仅要考虑其环保性,还要考虑其可持续性。同时,生产过程中的能源消耗应该尽可能减少,以减轻对环境的压力。

生态服装设计需要符合生态发展观念,追求零污染和最小的生态足迹。这意味着制造过程中应减少化学物质的使用,采用可再生能源,最小化废弃物的产生,确保所有环节都遵循环保原则。

时尚设计师应当不断发展和改进生态设计理念。首要之处是更深入地研究服装结构设计,而具备多重功能的服装设计是可持续绿色设计的一项关键战略。举例来说,设计师可以探索拖地裙和双肩带的服装,使其可以转变成吊带连衣裙,实现一件服装多种穿法的灵活性。这不仅节省了消费者的开支,还体现了资源节约和生态设计的理念,同时也丰富了服装的穿着方式。

有多用途的服装设计实质上相当于以同等材料制作多件服装,以满足消费者各种需求。这种方法不仅有助于减少材料浪费,还倡导了绿色设计的理念。融合一衣多穿的设计元素还为时尚设计带来了更多富有创意的可能性。例如,著名时尚设计师 Issey Miyake 借鉴了三维裁剪技术,运用平面构图概念,创造出更具自然、不拘泥于人工雕琢的时装设计感觉。此举既考虑到了生态平衡,又关注满足消费者的审美需求。

在服装的装饰设计方面,环保、生态和低碳的设计理念已经成为时尚设计的前沿。在绿色设计理念的指导下,越来越多的时装设计师开始关注废弃物的回收和再利用。这意味着设计师可以将废旧物品作为创新设计的主要材料,从而减少资源浪费,降低对环境的不良影响。

总而言之,时尚设计师在倡导可持续时尚方面扮演着至关重要的角色。通过深入研究结构设计、倡导多用途服装、追求创新装饰设计,他们可以积极推动时尚产业向更加可持续和环保的方向发展,同时满足消费者的需求,实现时尚与可持续发展的有机结合。

第四节　服装设计的未来展望

一、设计服务新体验

服装的历史可以追溯到数十万年前,它早已成为人类生活不可或缺的一部分。然而,专业服装设计服务业的发展起源于欧洲,可以追溯到 1858 年,当时查尔斯·弗莱德里克·沃斯在巴黎创立了第一家自行设计和销售时装的店铺。这一重要时刻标志着服装设计正式脱离了宫廷的束缚,开始在社会中独立发展,时尚这个词汇也逐渐成了人们的追求。

服装设计自诞生伊始,就必须同时考虑"事实要素"和"价值要素"。前者涵盖了满足人类生理需求的设计,而后者则包括了理论和审美观点的融合,这为时尚设计提供了更广泛的维度。而随着元宇宙的发展,事实要素已经扩展到更为宽泛的存在。

设计的任务不再仅仅是满足个体的需求,同时也需要关注社会、经济、情感、文化以及审美等多个层面。在当今元宇宙发展的背景下,服装设计已不再受限于平面,借助建模工具,大多数服装设计可以以更加直观的方式呈现在我们眼前。同时,增强现实(AR)和虚拟现实(VR)技术的进步使得虚拟时装试衣成为现实,让人们能够在虚拟空间中体验服装,从而更好地满足个性化需求。在这个数字化的世界中,服装设计也变得更加独特而多样。

2022 年,中国国内迎来了首个元宇宙时尚秀,这标志着元宇宙不再仅仅是虚拟梦境,而已经成为新一轮消费体验的未来。这是科技与创意的交汇,一个平行世界的灵感得以实现。元宇宙与时尚的结合不仅仅是一场时尚革命,它还将对传统的服装生产流程进行颠覆。中国,作为全球最大的服装生产基地,拥有强大而灵活的供应链,使得每个人都能在元宇宙中获得个性化定制的服装。

年轻一代的消费者日益追求个性化,传统的生产技术和材料已经无法满足他们对于独特服装的需求。在未来,很多人可能会抛开在现实世界中寻找个性化服装的烦恼,而是选择在元宇宙中下订单。他们可以挑选自己喜欢的款式,输入自身三维数据,提出对服装的个性需求,无需离开家门,就能够在元宇宙中获得身体量身定制的服装,拥有独一无二的时尚品位。这标志着元宇宙将为消费者提供更加直观和个性化的服装购物体验,彻底改变人们与时尚互动的方式。

二、社交美学新体验

在互联网初兴时,人们已经深刻认识到服装设计在提升社交和娱乐体验感方面的关键作用,各种社交和游戏软件都是这一观点的有力佐证。而在当今社会,随着压力的倍增,服装设计行业更应该深刻理解服装的精神慰藉作用,并加强对设计理念的重视。这意味着需要深入探讨一系列社会议题,包括但不限于社会性别角色、文化偏好、心灵慰藉以及穿衣自由等,力求打破社会中存在的刻板印象,成为穿着者价值观的传达媒介。

眼下,元宇宙的主要发展方向仍然集中于游戏、社交、休闲等娱乐领域,而年轻群体成为这一先锋主力军。他们对社交媒体有着强烈的依赖感,也已经习惯了在现实生活中使用即时通讯和视频聊天的方式。与此同时,现有的社交媒介对于他们来说已不再具有足够的吸引力。元宇宙则为这一群体提供了更加引人入胜的体验,使得他们能够在虚拟空间中尽情展示个性,创造独特的社交和娱乐体验。

年轻一代对服装审美的多元化和开放态度正塑造着时尚界进入元宇宙服装领域的未来。在这个新的领域中,服装设计掀起了一场革命,夸张的造型和独特的质感将成为关注焦点。以视觉感官为基础,借助建模工具,设计师不再受限于传统材料、工艺和手法,他们的创意得以完美呈现。这样设计出的服饰必然会深受人们的喜爱和追求,同时引领时尚界走向新的方向。

在元宇宙中,参与体验的用户要求虚拟服饰的设计既能打破现实思维的束缚,大胆前卫,彰显个性,又能突破材料和质感的限制,呈现出奇异梦幻的视觉效果。这种需求将推动服装设计师在元宇宙中创造更加创新和大胆的服装,以满足用户对虚拟外观的渴望。

值得关注的是,元宇宙将会孕育各种特定的社交环境,如音乐爱好者、画家群体、各种社团和职业性的社交组织等。在这些社交圈子中,服装将成为身份特征的一部分,通过不同的服饰来彰显个人身份和兴趣爱好。这将为数字公民提供更多展示自己独特个性的机会,从而丰富了元宇宙中的社交和文化体验。这一趋势将进一步推动服装设计在元宇宙中的发展,使其成为个性表达的有力工具。

三、新技术的兴起对服装设计的影响

当谈及现代科技对服装设计与制造的影响时,不可否认的是其带来的巨大变革。随着计算机辅助设计技术的飞速发展,设计师们现在能够利用数字化软件来创建精密而创新的设计图案。这一进展,以及 3D 打印技术的广泛应用,已经为服装设计带来了前所未有的自定义和个性化选项。

特别是,3D 打印技术的崛起为服装设计带来了革命性的改变。它使得设计师能够实现更多的创意构想,创造出独一无二的服装。这不仅为消费者提供了更多选择,还减少了资源浪费,因为只有需要的材料才会被使用,这符合可持续发展的原则。

此外,智能穿戴技术的兴起也对传统服装制造业提出了挑战和机遇。基于虚拟现实和增强现实技术的智能服装不仅可以提供更多互动和沉浸式体验,还可以通过嵌入感应器与人体互动,从而创造更加智能和实用的服装产品。这种技术的应用可以使服装变得更具功能性,例如,智能运动服装可以监测运动者的健康状况,提供即时反馈,以及增强用户体验。

其次,可持续发展已经成为服装设计和工艺领域的焦点议题。随着人们对环境问题的日益关注,对采用环保材料和制造工艺生产的服装产品需求也不断上升。越来越多的设计师和品牌开始将可持续性纳入服装设计和制造过程中。例如,有机棉、再生纤维以及可降解材料的广泛应用以及零废弃策略的实施,都已经成为现代服装设计和工艺的新趋势。在未来,随着环保意识的普及程度不断提高以及技术的不断进步,可持续发展将继续在服装设计与工艺领域扮演重要的角色。这一趋势将引领着未来服装产业的发展方向。

另外,国际性的交流与协作也在服装设计与工艺领域产生深远的影响。随着全球化的不断推进,来自不同国家和地区的服装设计和工艺之

间的互动愈加频繁。这种国际交流不仅推动了设计理念和创新的碰撞，还促进了工艺技术的共享与提升。例如，东方传统服装元素在西方设计中的融合应用，以及西方领先的工艺技术在东方服装制造业中的采用，都对创造独特的设计风格和工艺特色产生了积极作用。展望未来，随着全球化程度不断提高，国际交流与合作将更加深入广泛。这将为服装设计与工艺的创新与发展提供更加有利的条件。

最后，市场需求的不断演变也对服装设计与工艺提出了新的课题。消费者对服装产品的需求不再仅仅停留在功能性和审美方面，他们越来越注重服装背后的文化和叙事性。因此，服装设计师们需要深入研究市场和消费需求的多样性，以创造出真正满足消费者期待的产品。这也要求设计师们持续不断地提升自身的综合素养，包括对不同文化和消费群体的深刻了解，以及不断创新设计理念并掌握市场情报。展望未来，随着经济的发展和消费者需求的多元化，服装设计与工艺将迎来更大的改变和挑战。

综上所述，服装设计与工艺的发展现状与未来趋势是一个多维度和复杂的问题。科技的进步、可持续发展、国际化的交流与合作以及市场需求的变化，都在不断塑造着服装设计与工艺的新面貌。未来，随着技术的进一步突破和人们对于服装需求的日益增长，我们可以期待服装设计与工艺将以更加创新和多样化的形式呈现在人们面前。

第二章 | 服装设计的基本原理

　　服装设计的魅力在于融合艺术和功能,其基本原理构建了时尚的视觉语言。首要是比例与线条的协调,确保服装在身体上展现出优雅的形态。色彩理论则为设计者提供了创意的无限可能,使服装更富有层次感。面料的选择与质地的运用是设计的灵魂,影响着穿着者的触感与穿着体验。此外,符合人体工程学的剪裁和设计能够提高服装的穿着舒适度。综合而言,服装设计的基本原理不仅关乎美感与时尚,更考量了人体结构、色彩心理学等多个因素,为时尚产业的繁荣注入了深厚的内涵。

第一节　服装设计的核心概念

一、服装设计的定义

服装设计是一门创意艺术和一个职业领域,它涉及到设计、制作和展示各种类型的服装和配饰,旨在满足人们的穿着需求和时尚品位。服装设计师是这一领域的专业人士,他们将创意、技术和时尚观念融合在一起,以创造出独特、吸引人的服装。

服装设计的过程包括以下几个关键步骤:

(1)创意和灵感:服装设计师从各种渠道获取创作灵感,如艺术、文化、自然、历史和时尚趋势。这些灵感可以来自任何地方,并成为设计的出发点。

(2)设计草图:设计师使用手绘或计算机辅助设计软件创建服装的草图。这些草图包括服装的外观、轮廓、细节和颜色。

(3)选择面料和材料:设计师选择适合其设计的面料和材料,考虑到其特性、质地和可塑性。面料的选择对服装的质感和外观起着重要作用。

(4)模型制作:设计师通常会制作样板或原型服装,以验证设计的可行性和效果。这些模型可以在后续的修改和改进中提供参考。

(5)剪裁和缝制:一旦设计得以确认,制版师会根据设计草图创建服装的剪裁图案,然后缝制成完整的服装。这是一个涉及精确测量和工艺的重要步骤。

(6)完善和调整:设计师可能需要多次修改服装的细节、剪裁和拼接,以确保其完美符合设计愿景。

(7)展示和推广:一旦服装制作完成,设计师会将其展示在时装秀、展览、杂志封面等各种平台上,以便推广和销售。社交媒体和电子商务也是服装推广的重要途径。

服装设计不仅涉及到时尚和审美,还需要考虑功能性、舒适性和可穿性。设计师需要了解不同类型的服装(如休闲、正式、运动等)以及不同受众的需求,以便创造出符合市场需求的服装。服装设计行业是一个充满竞争和创新的领域,不断受到来自全球不同文化和风格的影响,因此需要不断学习和跟进时尚趋势。

二、服装造型设计的特征

服装造型设计是一个融合艺术与功能的创意领域,它关乎着服装的整体外观和风格,以及如何将各种设计要素统一融合在一起。以下是服装造型设计的三个重要特征。

(一)整体风格的统一

服装造型设计的核心特点之一是要求整体风格的统一。这包括服装的色彩、材质、剪裁、细节和配饰等各个设计要素的协调与统一。服装设计师需要巧妙地将这些要素结合在一起,以创造出一个完整、有统一风格的服装造型。这种统一性有助于确保服装在审美上显得和谐且吸引人。观众通常会首先关注服装的整体外观,因此服装造型的设计成了设计师个性和创意的重要表现途径。

(二)时代风貌的折射

服装造型设计不仅仅是审美的表现,还反映了不同时代的风貌和文化。服装的演变通常与社会、经济、政治和文化的变迁紧密相连。历史上,不同时期的服装造型呈现出独特的风格,如20世纪初叶的古典女装传统造型、20世纪中期的X型服装以及20世纪80年代流行的T型服装等。这些不同的造型设计深刻地反映了时代的演变和社会的变革。因此,服装造型设计也是一种具有历史和社会意义的艺术形式。

(三)色彩、材质的融合

材质在服装造型设计中扮演着重要的角色。不同的面料具有不同的质地、质感和特性,它们对服装的廓型、舒适度和外观都产生影响。设计师必须精通各种面料的特性,以便选择适合其创意构想的材质。从丝绸到棉布,从羊毛到皮革,每种材质都有其独特之处,可以用来实现不同的服装效果。面料的选择也直接影响服装的适用性。例如,厚重的材质可能适合寒冷季节,而轻薄的面料则更适合夏季服装。

色彩也是服装造型设计中的重要元素。不同的色彩搭配可以传达出不同的情感和意义。设计师经常利用色彩来表达服装的主题,以及与时代和文化相关的信息。一种颜色的选择可以使服装看起来典雅和高贵,而另一种颜色的选择则可能传达出活力和年轻感。因此,设计师必须熟练掌握色彩理论,以确保其服装造型在审美上具有吸引力。

此外,服装造型设计是一个充满历史和文化内涵的领域,每个历史时期都有其代表性的服装造型。这些服装造型不仅令人难以忘怀,还成功地将色彩和材质元素融合在一起,以成为时代政治、经济、文化和社会状态的生动反映。不同的材质在塑造服装廓型上发挥着独特的作用,而设计师对于面料和色彩的精湛运用,则使造型设计达到锦上添花的效果。通过仔细选择和巧妙组合不同的颜色和面料,设计师能够在服装上传达出特定时期的氛围和价值观。

三、服装造型设计的构成

(一)创造性

社会的发展,人类的进步,都是不断创造的结果。创造来源于人们对客观现实的不满足而产生的某种需求,促进着人类向高级智慧的发展。人类思变求新的本性,为服装设计提供了无限的创造空间,创造设计即为服装设计的根本前提。在服装设计中如果全是模仿,没有新意的话,那就彻底失去了设计的需要,更不会被人们所接受。而服装设计要想具有创造性,设计师就必须围绕消费者的需求心理,充分发挥想象力和运用创意思维、突破性的构思、独特的表现形式、崭新的技艺,精心研究,巧妙设计,使设计作品前所未有、富有新意。

（二）适用性

服装具有实用价值和装饰功能。服装生产的最终目的是满足人们的穿着需求，给人以舒适和美的享受。服装作为一种商品，只有消费者最终的购买才能实现其自身价值。因此，服装设计一定要把服装的美观适用、功能齐全作为根本出发点。为此，服装设计师必须认真分析消费者的心理，根据各类人群的需求设计各种服装，使服装产品得到人们的认可、社会的承认，不断造就出新的服装消费市场。

（三）艺术性

服装是美学和工艺学的结晶。服装不仅是人们生活的必需品，也是一种艺术品。所谓艺术性就是指设计精巧、美观、适用，体现艺术性和适用性的完美结合，能最大限度地满足人们追求美、享受美的需求。因此，服装设计师一定要充分了解消费者的审美观念和审美情趣，按照艺术准则来设计各类服装。例如，款式恰当，与穿着者的具体条件和环境相适应；色彩合适，既适应时代潮流，又符合一定的环境要求；搭配完美，能与具体的人、用途和环境相适应。

（四）时代性

服装是反映社会经济发展水平的重要标志，大多带有时代的烙印和特点，不同的时代有不同的服装时尚。因此，服装设计一定要具备鲜明的时代感，能够与时俱进，充分反映时代的精神风貌，塑造时代的鲜明形象；力求在服装的款式、结构、色彩、面料、工艺、装饰等方面，体现出与之相适应的风格特征，并符合时代的潮流，具有感人的魅力，适应并推动新形势下的变化和发展。

（五）超前性

随着社会经济的发展、生活质量的提高和人类文明的进步，人们对服饰的要求越来越高，面对多姿多彩的世界潮流，对服装的审美和需求瞬息万变。要适应和跟随这种变化发展的趋势,设计的服装就不仅要有时代感,还要有一定的超前意识。

第二节　服装设计元素与原则

一、服装设计的元素

(一)肌理面料元素

肌理面料在服装设计中扮演着关键的角色,它们对服装的局部造型和整体效果产生装饰性的影响。通常情况下,服装制作会选用一种主要的面料,但在追求更具时尚和独特风格的服饰设计中,设计师往往会选择多种不同质地的面料进行组合。在这个过程中,设计师需要精心考虑不同肌理效果的面料在服装上的组合方式,包括它们的位置、形状和面积大小,以确保视觉上的均衡效果。

肌理面料的选择和搭配可以赋予服装独特的外观和质感。不同的纹理、质地和光泽度可以用来强调或凸显服装的特定部分,如领口、袖口、褶皱或裙摆。通过巧妙地组合不同肌理效果的面料,设计师可以实现令人印象深刻的视觉效果,为服装增添层次感和细节之美。

这种多面料组合的设计需要慎重考虑,以确保不同面料之间的平衡与和谐。不同肌理效果的面料应该根据其特性和用途而被巧妙地安排在服装上,以创造出整体的美感。这种设计方法要求设计师对面料和纹理要有深刻的理解,以使肌理面料在服装上发挥最大的装饰作用。

总之,肌理面料的选择和处理对于服装的外观和风格至关重要。它们可以为服装注入独特的特色,但需要经过精心的策划和组合,以确保视觉上的均衡与和谐,从而使服装设计大放异彩。

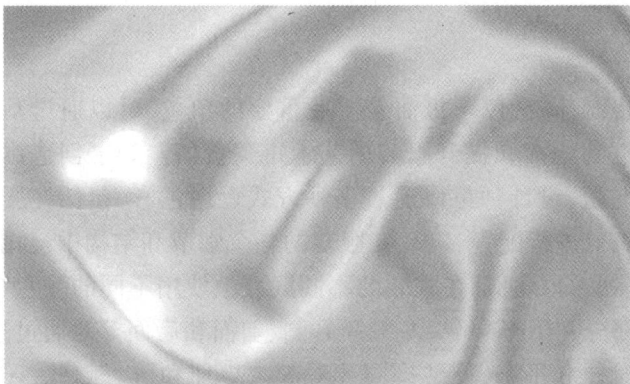

图 2-1　丝绸面料

图 2-2　麻料

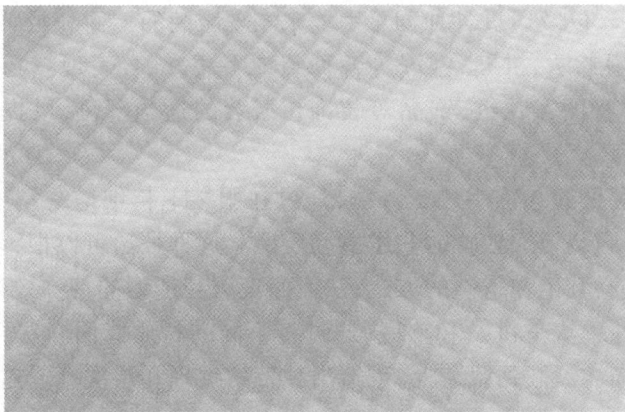

图 2-3　棉布料

（二）色彩元素

在服装设计中,色彩扮演着至关重要的角色,可以通过巧妙地处理来实现视觉的均衡和提升服装的艺术审美价值。为了创造出富有层次感的服装造型,设计师可以通过多种方式运用色彩,包括在服装的不同部位和面积上进行配置,以及在服装的各个细节和结构中运用色彩。

一种常见的方法是在服装的不同区域中使用不同的颜色,这包括服装的上半部分和下半部分、左侧和右侧、前面和后面等。通过这种方式,可以实现对比和平衡,使整体服装看起来更加和谐。此外,还可以在具体的服装结构,如领口、袖口或褶皱处增加一些装饰性的色彩元素,以提升服装的美感。

另一种方法是在服装的主体色彩中巧妙地融入配件色彩。这种呼应和穿插的方式可以为服装增加细节层次感,使整体造型更加丰富多彩。例如,可以通过精心挑选的配饰,如腰带、项链或围巾,来与服装的主色相互呼应,从而增加色彩的深度和丰富度。

总之,色彩在服装设计中是一种强大的工具,可以用来丰富和增强服装的造型。通过巧妙的配置和组合,设计师可以实现均衡的效果,提升服装的色彩层次感和艺术审美价值,使其更加吸引人眼球。

（三）装饰手段元素

在服装设计中,装饰手法起着至关重要的作用,可以根据不同的造型风格需求,以及通过各种创意手段来实现服装的均衡和吸引力。设计师可以采用补绣、拼贴、镶嵌等各种装饰手法,结合表现技巧和精心选择的配饰,将图案花纹、饰品等装饰在服装的适当部位,以提升整体造型的吸引力。

一种常见的装饰手法是补绣,通过在服装上精细地绣制图案、花纹或装饰,为服装增加独特的艺术感和质感。这种技巧可以根据设计需求来选择线条、颜色和绣制的方式,从而实现服装造型的特殊效果。

另一种手法是拼贴和镶嵌,通过将不同的材质或面料拼接在一起,或者将装饰物镶嵌到服装上,创造出独特的纹理和层次感。这种创意手法可以为服装增加视觉趣味,使其更加引人注目。

此外,配饰的选择也是实现服装均衡效果的关键。手镯、腰饰、背包、丝巾等配饰可以与服装相互呼应，从而增加整体造型的和谐感。这些配饰可以用来强调服装的特定部位或者为整体造型增添亮点。

图 2-4　苗族服饰的装饰

图 2-5　刺绣

二、服装的设计原则

（一）对称原则

对称是在服饰设计中常见的美学原则，在创造服装的视觉吸引力和平衡感方面发挥着重要作用。对称意味着图形或物体的两侧具有对应的关系，这种对应包括大小、形状和排列的一致性。对称设计的服饰通常以人体中线为对称轴，左右两侧的图案、元素或装饰呈现完全对等的形式。这种对称性赋予服装一种稳重和庄严的感觉，因此常见于正式场合的服装设计。通过对称，服装能够在视觉上传达出均衡和秩序感。

1. 左右对称

左右对称是一种经典而重要的设计原则，特别在服装设计中发挥着关键作用。这一设计概念以人体的中心垂线为基准，将服装的结构沿水平线等距离地对称布局，创造出一种和谐而均衡的外观。尽管左右对称的设计在视觉上可能略显传统，但它正是因为追求着经典和平衡，因此在时尚界广泛受到喜爱和运用。

尽管左右对称看起来可能有些呆板，但正是由于人体的动态性，这一设计原则才显得如此重要。人体在运动时，左右对称的服装设计能够更好地适应身体的变化，让穿着者感到舒适和自在。这种设计不仅在日常生活中实用，也在许多专业领域发挥了重要作用。

例如，军装和警服是左右对称设计的杰出代表。它们的设计充分考虑了功能性和实用性，通过左右对称的结构，确保了服装的稳定性和均衡性。这种设计不仅令穿着者在执行任务时感到方便，同时也为他们增添了庄重和自信，让他们在职责使命中更显英勇和果断。

左右对称的设计原则在时尚中扮演着不可或缺的角色，它是时尚世界中的经典之美。不论是经典的西装、连衣裙还是其他时装，左右对称的设计都能够为服装带来一种永恒的魅力。这一设计原则的应用不仅让服装更具吸引力，也为穿着者带来了自信和稳重感。

图 2-6　对称旗袍领

2. 回旋对称

　　回旋对称是一种引人注目的设计原则,它通过将左右对称的元素旋转 90 度,创造了斜点对称的效果,破除了传统的四平八稳构造格局,为服装设计注入了一份别致和富有变化的氛围。这种设计方式在时尚界备受欢迎,因为它不仅具有独特的美感,还为穿着者带来了一种稳定中的创新感。

　　回旋对称的设计原则通过将左右对称的元素进行旋转,创造了一种斜点对称的效果。这种创新性的设计方法赋予服装以动感和活力,为传统的对称结构增添了一份现代感。通过将元素以不同的角度排列,设计师能够打破传统的平衡格局,赋予服装更多的视觉吸引力。

　　在服装的构成中,回旋对称通常通过服装的结构、面料、图案或装饰等元素来实现。这种设计方法为服装注入了创意和个性,使其不再局限于传统的对称设计。通过巧妙地运用回旋对称,设计师能够创造出独特而富有活力的服装,满足不同人群的时尚需求。

　　例如,某些职业装采用了回旋对称的设计,使其既端庄又不失生动。这种设计能够突出职业装的专业性,同时为职场人士带来一种别致和时尚的形象。回旋对称为职业装注入了一份创新感,使其与传统的职业着装有所区别。

图 2-7　对称回纹

3.局部对称

　　局部对称在服装设计中扮演了重要的角色,它指的是在服装整体结构中的某个特定部位采用对称的处理方式。这种构成形式旨在赋予服装更多装饰性,因此在选定对称位置时需要经过精心考虑和合理布局。通常,这些局部对称的设计会出现在服装的肩部、胸部、腰部、袖子或者通过巧妙运用服饰配件来实现。

　　肩部的对称可以为服装带来均衡感,胸部的对称可以强调上半身的线条美,而腰部的对称设计则有助于突出腰部的曲线。此外,袖子上的对称元素也可以增加服装的独特韵味。除此之外,使用各种服饰配件如腰带、领饰、饰品等,同样可以实现局部对称的效果,为服装添加更多个性和风采。

　　局部对称不仅为服装增加了装饰感,还能够强调服装的特定区域,吸引人们的目光。这一设计原则允许时尚设计师将对称性运用到服装的关键区域,创造出更具吸引力的外观。通过精心布局对称元素,设计师可以实现各种不同的审美效果,从而满足不同风格和场合的需求。

（二）均衡原则

均衡指的是一种布局上的平衡感,其中图形或物体的两侧虽然没有完全对称的对应关系,但它们在视觉上仍然呈现出平衡感。均衡的服饰设计通常包括不同大小、形状和排列的元素,但它们却能够在整体上形成平衡。这种设计多半给人一种活泼和灵动的感觉,使服装充满了生动性。

在服饰设计中,对称和均衡往往是相互联系的,它们可以同时存在并相辅相成。对称的图案设计可以产生均衡感,而均衡状态也包括了对称因素。因此,在服装的造型、色彩选择和布局中,设计师通常会考虑如何巧妙地组合对称和均衡的元素,以创造出吸引人的、平衡的视觉效果。

对称和均衡是服装设计中的两种重要美学原则,它们能够影响服装的外观和情感表达,为服饰注入独特的韵味和吸引力。无论是选择对称的庄重感还是均衡的生动感,设计师都可以在创作中巧妙地平衡这两种元素,以满足不同场合和目标受众的需求。

与对称相比,均衡其实更富有变化,更凸显自由和个性化,它是动态张力的平衡,又是静中的动态,是对称的变体表现。均衡常常表现在形体大小上的悬殊,但仍不是内在的相互关联与照应,它使视觉与心理获得一种等量感。均衡美是现代服饰图案设计中极其强调的一种表现形式,设计师运用图案的布局、造型、色彩诸多元素的巧妙经营,使服装呈现出个性的同时,也创造了均衡的美感。

视觉稳定效应是一种引人注目的现象,它展示了图形之间的相互影响和平衡关系。在构图的过程中,更重要的是整体把握图案,而不是单纯填充空间。在图形和图案的组织中,寻找中心平衡点是从不平衡到平衡的一个关键步骤。每个均衡式的独立图案都有其独特的中心平衡点,而这个平衡点会随着图案数量的增加和位置布局的变化而发生变化,这也是构图过程中的一项挑战。

均衡式的设计形式最能突显单个图案的特点。在构图中,每个图案都是独立的、自由的,允许一定的随意性,同时也会留有一些空间,为观众创造出独特的观感。一个完美的均衡式图案更容易体现设计师的独特特质和个性,使其成为一种独特的标志、象征,反映出设计者的创意和风格。

视觉稳定效应的现象揭示了图形之间的相互作用和平衡,构图的过程需要综合考虑整体效果,而均衡式的设计形式则能够最好地展现单个图案的特点,为观众带来独特的观感体验,并成为设计者个性和创造力的表达途径。

1. 门襟、衣摆和纽扣

门襟、衣摆和纽扣在服装设计中扮演着重要的角色。它们位于服装造型的关键位置,通过调整它们的面积、比例、间距和层次来协调服装的整体空间,以创造出视觉上的均衡效果。此外,门襟和纽扣是密不可分的元素,一旦门襟的位置发生变化,纽扣的位置和排列方式也必然会相应改变。在服装设计中,设计师常常巧妙地利用这种变化来实现多样的服装造型。

衣摆的设计变化对门襟和纽扣也具有重要的平衡和协调作用。这三个元素共同作用,以三维的方式来实现视觉上的和谐和平衡。服装的门襟、衣摆和纽扣的变化不仅影响整体外观,还对着装的功能和风格产生深远的影响。因此,在服装设计过程中,这些要素的精心设计和调整是至关重要的,以确保最终的服装造型能够吸引人的目光并传达出设计师的创意和风格。

图 2-8 纽扣

2. 口袋

在现代服装设计中,口袋不再仅仅是一种实用元素,它们同时也扮演着装饰的重要角色。通常情况下,口袋被设计成对称的形式,但为了增加服装的视觉吸引力和丰富造型的风格,设计师们常常采用不对称的口袋形式,或者调整口袋的大小和位置,以创造出一种视觉上的艺术平衡效果。

口袋的设计已不再局限于功能性,它们可以成为服装的装饰亮点。不同形状和风格的口袋可以赋予服装独特的外观,提供更多的时尚选择。除了传统的对称口袋,设计师们也善于运用不对称的口袋设计,通过这种方式,他们能够为服装注入更多的创意和个性。

通过改变口袋的大小和位置,设计师可以影响服装的整体造型。大口袋可能会突出服装的实用性,而小口袋则可以在不引起过多注意的情况下添加细微的装饰元素。此外,将口袋放置在不同的位置也可以改变服装的视觉平衡,为服装增加更多的艺术感。

（三）对比原则

对比原理在艺术创作中扮演着重要的角色。它指的是通过强烈突出事物和对象之间性质上的对立因素,如形状、面积、色彩、大小、位置、方向以及肌理等,来丰富作品的表现。对比是一种不可或缺的艺术手段,能够使事物的特点更加清晰,赋予作品强烈的视觉效果,深刻地影响观众,留下深刻的印象。

在服饰图案设计中,对比原理常常得到应用。这种对比可以体现在许多不同方面,如大小、形状、温度（冷与暖）、粗细、刚柔、简繁、疏密、动静、规则与不规则、传统与现代等造型元素之间的形式对比。通过突出这些对立因素,设计师能够创造出独特而引人注目的图案,使服饰更具艺术性和吸引力。

1. 款式对比

在时尚设计领域,款式的运用和对比关系是塑造服装整体外观的关键元素。这些对比关系包括了长与短、松与紧、曲与直、动与静、凸与凹,以及层次的多与少等。通过对这些因素的有意运用,设计师能够创造出多样而富有创意的服装结构,形成引人注目的视觉效果,并塑造出独具特色的时尚造型。

在服装设计中,款式的长短对比可以通过上长下短、上短下长或内长外短的巧妙运用,赋予服装更多的动感和层次感。松紧的对比关系,如上松下紧或者内紧外松,可以塑造出服装的轮廓和舒适度,从而使服装更具吸引力。曲直的对比,如在服装的上半部分采用曲线设计而下半部分采用直线设计,或者上半部分采用直线设计而下半部分采用曲线设计,可以创造出有趣的形态和动态感。此外,动与静的对比关系也可以通过运用不同的元素来传递服装的功能性,凸与凹的对比可以赋予服装更多的纹理和层次感,而层次的多与少则可以调整服装的整体外观,使其更加多样和引人入胜。

2. 色彩对比

在服装的色彩配置中,利用色相的冷与暖、明度的亮与暗、纯度的灰与纯并置以及色彩的构成形态、空间位置处理,形成有序的对比关系。色彩面积的大与小、量的多与少的处理,同样能够改变任何一组对比色彩的对比程度。在两种对比色的比例关系中,当对比双方的面积比例接近 1∶1 时,其对比的效果最为强烈;对比面积的比例达到 10∶1 时,其对比的效果就会减弱许多。此外,色彩的纯度和明度也对对比的视觉效果有一定的影响。一般是在相对比的两种色相中,大面积的色彩其纯度和明度应略低一些,而小面积的色彩其纯度和明度可高一些,这种对比关系的应用可以实现局部装饰色彩突出而整体调和的效果。如果都处于高明度和纯度对比中,略小的对比色就会被削弱或吃掉,产生强烈失衡和视觉疲劳的效果,因此应在对比运用中适度处理。

在服装具体设计中,一般小面积高纯度、明度的色彩可以出现在服装的领子、口袋、袖口、首饰、帽子、围巾、手套、挎包等局部结构上,起到装饰作用。

3. 面料对比

在服装设计领域,面料的选择和运用至关重要。面料的特性主要表现在材质和多样的肌理上,而在设计过程中,对比面料的肌理特点,如粗犷与细腻、挺括与柔软、沉稳与飘逸、平展与褶皱等,可以赋予服装更多的维度和深度,创造出富有个性化和引人注目的三维美感。

在服装设计中,面料的材质和肌理之间的对比是设计师追求的一种艺术表达方式。粗犷与细腻的对比可以呈现出均衡和多样性,挺括与柔软的对比可以塑造出服装的轮廓和舒适度,沉稳与飘逸的对比可以传达出服装的氛围和气质,平展与褶皱的对比可以赋予服装更多的纹理和层次感。通过这些对比,服装设计师能够创造出各具特色和极具冲击力的时尚审美感受,使服装在审美和实用性上都得到了充分的满足。

(四)反复原则

同一现象或事物的不断重复或交替出现即为反复。反复的表现形式多种多样,有自然界的日、月、星辰周而复始的永恒反复;有音乐词曲长短、强弱的反复;有绘画、建筑和艺术设计空间的反复等。在服装造型中,反复是款式构成的基本因素之一,是同一形态的元素重复而有规律地出现以增加视觉吸引力的重要处理手法之一。例如,同一面料或图案纹样的交替出现,同一饰品在不同部位有规律的排列组合,同一色彩在不同部位的重复利用等,都可以产生良好的设计效果。值得注意的是,反复的间隔和频率应依据合理的比例尺度,不能太近或太远,过近会产生单调而同化的视觉效果,过远则显得松散杂乱,破坏了造型的整体感。

1. 款式结构的反复

这种方法是在服装的整体设计中多次重复某一装饰结构,从而突出其特点。举例而言,设计者可以通过层层叠加衣服下摆、让袖子呈现弹簧状的递进效果,或者使用多层蕾丝花边来装饰女装的领口,从而创造出丰富多彩的装饰效果。

2. 色彩、图案的反复

通过在服装的不同部位反复交替运用特定的色彩或图案，产生多部位之间的跳跃效果，从而强化其视觉吸引力。这种方法可以使人产生对某种色彩或图案的深刻印象。例如，当反复使用斑马纹或猎豹的色彩和图案时，会加强这些元素的视觉冲击力和印象。

3. 面料的反复

在服装设计中，使用多种不同的面料并反复在不同部位拼贴出现，可以创造出多样性的效果。这种方法在保持整体材质效果的同时，也打破了单一面料可能带来的单调感，增强了视觉上的层次感和丰富感。例如，设计者可以使用间隔的毛皮饰边或将不同面料拼接在服装上，以展现多种面料的穿插效果。

(五)节奏原则

节奏和韵律在音乐和诗歌中扮演着重要角色，它们代表着声音和节奏的有序排列，形成强弱、长短的规律现象。韵律，又称为声韵或节律，通常指诗歌中的平仄格律和押韵规则，而在现代语境中，也常用来描述音响的节奏规律。

在服饰图案设计中，节奏和韵律美通常体现在图案中的重复元素上。这种重复可以表现为图形间距不同但形状相同的重复，也可以是形状各异但间距相同的重复，甚至可能是其他个体元素的不同方式的重复。这种重复的关键条件是这些个体元素具有相似性，或者它们的间距具有一定的规律性。此外，节奏的合理性也至关重要。设计师常常以人体的起伏为蓝本，根据人体曲线的变化来设置有效的节奏分布。

通过将设计元素有规律地重复，并将线条错落有致地排列，使各种造型比例得以均衡，形成和谐统一的整体。这种错落的重复排列不仅创造出视觉上的节奏感，还使得服饰图案呈现出一种强烈的美感。这种美感不仅仅来自于图案本身，更源自于设计师对节奏和韵律的巧妙运用，它使得服饰在视觉上呈现出一种和谐、平衡的美。

1.点、线、面、体的节奏

在时尚设计中,点、线、面、体是构建视觉韵律和动感的基本元素。它们如音符一般,交织在一起,营造出服装的视觉动态和美感。下面将深入探讨这些元素以及它们如何共同创造时尚的节奏之美。

点:点是最基本的图形元素,它们仅具有位置,没有方向、长度或宽度。然而,在时尚中,无数个点的巧妙排列和组合可以构成线条和纹理。例如,纽扣、装饰点或珠饰都是点的完美例子。它们的放射和分散排列可以引导视线,创造出独特的焦点。

线:线具有长度和方向,但没有宽度。在时尚设计中,线条可以呈现各种形态,从直线到曲线、波浪形状、螺旋线等等。线条的变化和演化可以赋予服装以独特的动感和流畅性。线条的粗细、虚实等特性也为时尚设计提供了更多的创作可能性。

面:面拥有长度和宽度,但没有厚度的形状。在时尚中,衣物的面料和剪裁呈现了各种形状和轮廓。服装的面可以是平整的,也可以通过褶皱、褶裥和层叠来赋予服装更多的纹理和层次感。多个面的组合构成了时尚设计的核心。

体:体是具有长度、宽度和厚度的立体形状。服装的整体结构和剪裁可以创造出不同的体积感。时尚设计师通过裁剪、贴花、拼接和填充等技巧来打造服装的三维形状,使服装更具层次感和质感。

点、线、面、体在时尚中不是独立存在的元素,而是相互交织、穿插和组合的。它们以有序的方式排列,创造出服装的视觉动感和韵律美感。例如,纽扣和装饰点的放射排列可以产生视觉上的聚散效果,直线和曲线的有规律交错变化可以营造出独特的设计元素,而褶皱的重复出现则赋予服装更多的层次感。

时尚设计是一门充满创意和表现力的艺术,点、线、面、体是时尚设计师的调色板,通过巧妙的运用和组合,它们能够创造出具有独特魅力和节奏之美的服装。这些元素不仅构建了时尚的视觉语言,还诉说着设计师的创意故事,为时尚世界注入了新的活力和激情。无论是时尚爱好者,还是设计师本身,都可以通过理解和欣赏这些元素,更好地欣赏和探索时尚之美的深度和多样性。

2. 色彩的节奏

色彩在设计中扮演着至关重要的角色,其在明度、纯度和色相等方面的变化,面积的大小,同色系和对比色系的渐变,邻近颜色的相互交错更替等都能够在视觉上创造出形态的起伏和变化。这些有序的色彩渐变和变化形成了一种视觉错觉,产生了一种称为"彩色的韵律"的印象。这种运用色彩的方式就如音乐中的音符一般,激发了人们潜意识中的审美情感,形成了一种节奏的共鸣。

在设计中,色彩的变化可以营造出多层次的效果。逐渐改变明度,从深到浅或反之,可以创造出深度和光影效果。改变纯度,从鲜艳到柔和,可以赋予设计某种情感色彩。色相的变化也能引发不同的情感和印象。这种多样性和层次感使设计更加生动和有趣。

此外,在设计中逐渐改变色彩的面积大小,从小到大或反之,或者巧妙地使用同色系和对比色系的渐变,可以实现一种有序的过渡,从而在视觉上创造出形态的起伏和动感。毗邻颜色的相互交错更替也可以增加设计的视觉吸引力,创造出一种有趣的对比效果。

色彩在设计中具有无限的可能性,其变化和组合方式可以构建出一种令人陶醉的视觉律动。这种律动激发了人们内心的审美情感,形成了一种独特的节奏共鸣,使设计更具吸引力和深度。色彩不仅是设计的基本元素,也是表达情感和创造艺术的重要媒介。

3. 款式结构的节奏

服装的款式结构在设计中扮演着至关重要的角色,不同的变化可以产生不同的视觉效果,而具有节奏感的结构变化常常是最引人入胜的。通过巧妙地运用不同元素,如层次的叠加、内外结构的交错、服饰体块的组合以及衣摆的规律性变化,可以营造出一种令人心动的律动感,构建出款式的结构节奏。

层次的叠加是一种重要的结构手法,通过在服装中将不同元素层叠在一起,如叠加的褶皱、图案或装饰,创造出深度和多样性。这种叠加产生的结构性层次感赋予服装生动性,吸引着人们的目光。

内外结构的交错也是一种常见的设计方式,通过将内衬、衬衫或其他元素巧妙地融入服装中,实现内外层结构的互相交织,形成一种复杂而有趣的视觉效果。这种结构的互相穿插增加了服装的深度和细节,使其更具吸引力。

此外,服饰体块的交错组合以及衣摆的规律性变化也可以产生结构的节奏感。通过巧妙地排列和组合服饰体块,设计师可以获得出奇制胜的外观。而衣摆的规律性变化,如不同长度或形状的衣摆,可以为服装增加动感和流畅感,使其更具时尚魅力。

总之,服装的款式结构是设计中一个非常关键的方面,它可以通过不同元素的巧妙组合来创造出结构的节奏感。这种节奏感使服装更具吸引力,引发观众的情感共鸣,展现出时尚和创意的魅力。

第三节 材料选择与技术应用

自人类诞生以来,人们就开始利用大自然中的树叶和兽皮等材料,来遮蔽隐私部位和御寒。这些素材被视为最早期的服装材料。随着生活环境的改善,人们逐渐学会从自然界中提取一些更为精致的材料。

公元前3000年左右,人们开始广泛采用棉花进行纺织。随着时间的推移,约在2600年前,人们开始运用蚕丝来制作服装,并且能够进行织物染色。约在2300年前,我国的服装材料技术逐渐成熟,并广泛应用,许多产品还远销至东南亚和欧洲,形成了举世瞩目的丝绸之路。丝绸之路的开通使得我国的服装设计迎来了前所未有的繁荣。一些全新的设计理念逐渐应用于制衣的过程中,丰富了服装的表现形式。

在这个历史发展的脉络中,服装材料的选择不仅关乎基本的实用功能,更深刻地反映了社会文化和技术进步的演变。对于现代服装设计者而言,深入了解不同材料的特性,并善于运用创新的设计理念,将有助于为时尚世界注入新的活力与灵感。

一、材料选择的重要性和作用

在服装设计的过程中,对相关材料的应用和创新,具有十分重要的作用,主要表现在以下两个方面。

（一）满足人们的审美需求

在现代社会,人们对服装的审美需求日益多样化。随着生活水平的提高,人们追求更丰富、个性化的精神生活。在服装设计中,材料的选择和创新起到关键作用。通过材料的巧妙应用和设计创新,设计师能够满足社会大众对服装的各种要求。不同的材料可以赋予服装不同的质感、光泽和纹理,从而创造出多样化的视觉效果。即使是相同的服装款式,采用不同的材料也能赋予其独特的魅力,使人耳目一新。

（二）利用材料本身的特殊性

材料本身具有独特的特性和功能。不同种类的面料、纹理和质地都具有各自的特点,可以为服装设计带来独特的亮点。通过充分利用材料的特殊性,设计师可以创造出更加新颖和个性化的服装。这种个性化的设计趋势与当今社会的发展趋势相契合,人们更加追求个性和独特性。通过对材料的创新和运用,设计师能够满足不同人群的需求,使服装设计更加多元化和富有创意。

二、新型服装材料

（一）组合再创造型

服装设计师在创造服装时经常会运用组合再创造的方法,不仅注重材料的选择,还追求多维度的视觉形象创造。他们通过不断探索材料的质感和纹理,将服装变得更加独特。例如,设计师可以在面料上添加珠片、刺绣、金属片或其他装饰,以增强面料的装饰效果,使其呈现出更加浪漫和雅致的风格,从而使原本平淡无奇的材料展现出艺术的魅力。通过对多种材料进行创新的组合,设计师能够展现出不同的视觉美感。

这种组合再创造的方法为服装设计师提供了广阔的想象空间和创作可能性。他们可以尝试将不同质地和纹理的面料巧妙地融合在一起，创造出丰富多样的效果。比如，将柔软的丝绸与光滑的绒面面料结合，产生出崭新的触感和视觉效果；将金属元素与柔软面料相结合，营造出前卫而富有未来感的风格。

这种创新的组合再创造不仅能够为服装增添独特的风格和个性，还能够让服装更好地适应不同场合和时尚潮流。通过巧妙地运用不同材料的特点和优势，设计师们可以打造出令人惊艳的服装作品，并满足人们对于美感和时尚的需求。

总之，组合再创造是服装设计师们不断追求的一种创作方式。他们通过对材料质感和纹理的探索，运用多种装饰手法，创造出富有艺术魅力的服装作品。这种创新的组合再创造方法不仅展现了设计师的才华和创意，也丰富了时尚界的多样性和创新性。

（二）环保型

为了改善环境质量、减少环境污染，积极采用环保型服装材料，已成为可持续生态和社会发展的迫切需求。当前，中国越来越注重采用环保型服装材料，以降低对原材料的依赖，减少环境污染的风险。

虽然许多现有材料未经过深加工，但同时也不断研发出了一些可替代的材料，如大豆纤维、牛奶纤维等。这些材料的使用有助于减少资源浪费和环境压力，为可持续发展提供了更多的选择。鉴于资源短缺的挑战，对资源节约型材料的应用变得尤为重要。

此外，回收再利用也是一个重要的策略，对可回收材料的再加工和再利用，可以节约原材料，降低生产和消耗的环境成本。这不仅有助于环保，还有助于赢得消费者的信任，推动绿色消费的发展。

（三）高科技型

随着信息技术的飞速发展，高新技术、计算机技术以及自动化技术在材料开发与利用方面得到广泛应用。美国已经成功研发出一种前卫的传感T恤，该T恤装备了一套精密的传感系统，能够实时监测心跳频率和呼吸频率。一旦检测到异常情况，立即触发报警，引起了社会大众的广泛认可。这种多功能的服装体现了社会发展与科技进步的成果。

此外,还出现了一种电池布料,为人们提供了便捷的充电方式。只需在白天或有光源的环境下,穿戴者的衣物便能自行充电,为日常使用提供持久的电力。更令人惊叹的是,这种创新材料不仅在外观上优美,而且功能强大,甚至能够耐受高达100℃的高温。它还具备防水透气的特性,避免了衣物闷热不透气的情况,同时解决了传统纯棉衣物易变形和缩水的问题。

如今,现代服装设计师在创作服装时,已不再满足于基本的遮体保暖功能,而更加关注冬暖夏凉、防蚊虫叮咬以及智能音乐播放等多功能需求。高科技面料的涌现为不同场合的不同需求提供了解决方案,其功能多样化并发挥出独特效能。

这些材料的创新将在服装行业掀起一场革命,为人们提供更为智能化、功能多样的衣物选择,适应不同场合和需求,从而成为未来服装设计的引领者。

(四)保健型

随着人们生活水平的提高,他们对服装材料的健康功能要求也越来越高。一些化纤面料,如含麻类纤维,具有抑制细菌生成的特性,可以保护皮肤免受伤害。还有一种面料由含维生素的材料制成,可以刺激皮肤产生维生素C,满足健康需求。此外,德国研发了一种添加碳片的面料,可以限制和吸收有害化学物质,保护皮肤,同时具有环保和美观的特点。

(五)隐形衣

隐形衣曾经只存在于科幻电影中,但随着技术的不断进步,它们正在逐渐变为现实。这种光学伪装衣能够在表面覆盖一层反光层,借助核放射物质,安装摄像头以消除周围环境的影响。此外,导电高分子材料的复合应用可以提供强大的电磁屏蔽功能,避免电磁波对人体的伤害。这些创新的材料不仅美观,还具备强大的功能,为人们提供了更多的便利。

综合来看,服装材料领域的不断创新推动了时尚界的发展,为消费者提供了更多选择,满足了不同需求。无论是注重外观、环保、高科技还是健康功能,新型服装材料都为时尚产业注入了新的活力,也为可持续时尚的发展铺平了道路。①

三、服装设计中技术的应用

在当今数字化和科技激增的时代,技术已经深刻地渗透到各个行业,服装设计领域也不例外。技术的应用不仅仅是为了提高效率,更是为了赋予服装新的面貌、功能和体验。从传统的纺织品到智能穿戴设备,服装技术的创新正在改变着人们的衣着方式、生活方式以及整个时尚产业。

在全球范围内,人们对可持续发展的关注度不断提高,服装行业也在朝着更环保的方向发展。新型材料、可降解纤维、循环利用技术等正在成为服装技术的关键方向。传统的手绘设计方式逐渐被数字化的虚拟设计所取代。设计师们可以通过计算机软件进行三维建模,实现服装设计的全方位展示。这不仅提高了设计效率,还使得设计师更容易检查和修改设计,确保最终成品符合他们的创意。

数字印花技术为服装设计带来了更大的创意空间。设计师可以通过计算机直接将复杂的图案、图像印在面料上,而不再受限于传统的印花方式。这使得服装设计更具个性化,同时降低了生产成本,减少了环境污染。服装定制化随着 3D 打印技术的不断成熟将迎来新的时代。消费者可以通过扫描身体数据,获取量身定制的服装,完全符合个体需求。这种定制化不仅提高了穿着的舒适度,还减少了过度生产和浪费。未来,技术与时尚的融合将继续推动服装设计领域向更加智能、创新和可持续的方向发展。

四、材料与技术的发展趋势和前景

(一)深入研究传统材料,实现二次创新

当谈到服装设计的发展趋势和前景时,深入研究传统材料以实现二

---

① 王丹.服装设计中服装材料的运用及发展前景[J].纺织报告,2021(7):65-66.

次创新是一个重要的方向。传统服装材料拥有多样的视觉感,因此深入研究这些材料并进行二次创新,以实现更出色的设计效果,显得尤为重要。在设计过程中,设计师可以结合传统材料的特点,并融入现代艺术概念,通过改变传统材料的外观和形态,使服装更加突出其特点。

对传统服装材料的创新可以采取两种主要方法。首先,可以在材料的生产过程中进行改造,以满足现代社会的发展趋势和卫生要求。这种方法涉及对传统材料的二次创新,打破了原有的风格和质感的限制,丰富了颜色和纹理等特征。其次,也可以对原有材料进行二次创新,通过印染、镂空等技术手法,赋予材料新的意义和活力,呈现不同的视觉美感。这些改进和再创造,可以有效地降低成本,并真正提高服装材料的时尚度,以满足不同受众的需求。

(二)进行科技创新,提高服装的实用性

科技创新也是服装设计的重要方向,可以提高服装的实用性。在现代社会,科学技术是第一生产力,因此在服装行业中加强科技的应用至关重要。在服装材料中引入新技术和材料,可以实现不同的功能性要求。例如,可在一些服装材料中添加茶叶等纤维,或者引入碳纤维等材料,以实现防水、透湿、变色等功能。这种科技创新有助于满足人们不断增长的个性化需求,使服装更加实用和多功能。

(三)不断创新,与时俱进

随着社会的不断演进,人们的审美标准也随之变化。为了满足不断多样化的需求,服装设计必须保持不断创新,与时俱进,以展现更深层次的艺术美感。这种努力也推动着服装材料走向新的方向,如环保型、保健型和智能型材料的发展。因此,服装材料正呈现出多元化的发展趋势。只有着眼于未来的发展,社会才能实现更大的进步。尤其在选择服装材料时,设计者必须更加注重人们多样化的需求,坚持以人为本的原则,并持续进行创新和改革。

第四节　人体工学与服装设计

一、服装人体工程学定义

人体工程学,又被称为人类工程学或人间工学,是一门综合性的研究领域,专注于研究人在不同工作环境中的解剖学、生理学、心理学等多方面因素,以及人、机器和环境之间的相互作用。它还关注了人在工作、家庭生活和休闲时如何综合考虑工作效率、健康、安全和舒适等问题。在人体工程学中,人被视为研究的中心,这为人们提供了许多研究领域和问题的机会。

人体工程学涵盖了多个领域,如:如何设计更舒适的座椅、如何选择适合工作的音乐以提高工作效率、以及如何设计杯子以满足人们饮水习惯等。这一学科的终极目标是改善人们的生活,使其更加舒适、愉快和高效,同时确保他们的健康和安全。

尽管人体工程学已经为多个领域带来了重要的改进,但在服装工效学领域尚没有一个统一的定义。人们可以借鉴人体工程学的定义和研究内容,来理解服装工效学的概念。

通过服装人体工学的研究,人们可以更好地了解人体特征和服装之间的相互关系,为创造更加舒适、健康和高效的服装提供指导。这一领域的发展将有助于改善人们的生活质量,推动服装设计的创新,以满足不断变化的需求和期望。服装人体工学的研究和实践为设计者提供了宝贵的机会,以改善服装与人体之间的关系,从而使服装更符合人们的需求,提高人们的生活品质。[①]

---

① 刘可.服装人体工学的应用与发展[J].服装服饰,2013(1):81-85.

二、服装人体工程学的应用现状

(一)Speedo"鲨鱼皮"泳衣

在 2008 年的北京奥运会上,迈克尔·菲尔普斯创造了历史,赢得了前所未有的 8 枚金牌。毫无疑问,他卓越的游泳能力是他成功的主要因素,但也要感谢 Speedo 革命性的"鲨鱼皮"泳衣,为他提供了优势。Speedo 的第 4 代鲨鱼皮泳衣经过了严格的计算流体动力学(Computational Fluid Dynamics,CFD)实验和风洞测试,以优化其性能。

CFD,是流体力学的一个分支,在航空工业中被广泛使用。它涉及使用计算机模拟来理解和分析流体流动,对设计鲨鱼皮泳衣起到了至关重要的作用。虽然 CFD 负责了初始设计,但风洞测试验证了泳衣的效果。

第一代鲨鱼皮泳衣在 2000 年的悉尼奥运会上首次亮相时,引起了极大的关注。到了 2004 年的雅典奥运会,Speedo 推出了第二代,其表面有小的凹凸突起,进一步减小了水阻力。统计数据显示,当年超过 80% 的游泳奖牌得主穿着 Speedo 泳衣,其中有 13 项世界纪录是由穿着 Speedo 装备的游泳者创造的。

在竞技游泳领域,鲨鱼皮第 4 代泳衣引领着技术和性能的飞速发展。这款泳衣采用了出色的 LZR 脉冲面料,被赞誉为"太空泳衣",其中融合了美国宇航局提供的先进航空技术。这个材料不仅轻薄、低阻力,还具备防水和快干的性能,为运动员提供了无与伦比的优势。更令人惊叹的是,LZR 脉冲主材质的表面覆盖了聚亚安酯材料层,这种材料增加了游泳者的浮力,使他们更轻松地在水中保持姿势。

为了进一步优化泳衣的性能,鲨鱼皮第 4 代采用了无缝拼接技术,特别加强了泳衣的胸部、腹部和大腿外侧,以确保水流更加顺畅地通过泳衣表面。这种设计使鲨鱼皮第 4 代成为全球第一款无缝泳衣,为游泳者提供了最大的优势。此外,泳衣的腰部设计类似于腰封,不仅有助于游泳者在水中保持最佳姿势更长的时间,还帮助他们节省体力。甚至泳衣的拉链也被巧妙地安排在后腰的最低位置,以将水阻力降到最低。

鲨鱼皮第 4 代泳衣在整体性能上相较第 2 代提高了 10%,比第 3 代提高了 5%,在起步和转身时,速度比第 3 代泳衣快 4%。这些数据清楚地表明,鲨鱼皮泳装面料通过模仿鲨鱼皮的原理,减小了静态水阻,而无缝拼接技术和流线型设计使运动员的速度得以提高。这一系列创新得益于对服装工效学的深入研究,通过泳衣的设计,游泳者的能力得到了显著提升。鲨鱼皮第4代泳衣无疑是竞技游泳中的一项重大革新,为游泳运动员带来了前所未有的优势。

(二)滑雪服

滑雪是一项受欢迎的体育活动,它有助于提高人的肺活量、增强体质,并有利于培养健康的心理素质。然而,滑雪场地的天气条件通常寒冷多变,因此,户外滑雪装备的选择变得尤为重要。这些装备必须具备多种功能,包括防寒、防风、防水、透气和耐磨等特性。

由于寒冷的气温,滑雪服必须具备出色的保暖性能。因此,通常会选择保暖性材料或冲绒材料,这可能导致滑雪服看起来比较厚重。此外,考虑到滑雪是一项竞技运动,需要运动员具备足够的灵活性,所以滑雪服也必须轻便。这不仅有助于减少运动员的不适感,还可以提高滑雪的速度和表现。

在美国科罗拉多州,蜘蛛人滑雪服公司引领了滑雪装备的创新。他们采用一种名为D3O的前瞻性材料,这是一种轻型、可弯曲的保护材料。D3O材料是由英国工程师理查德·帕尔默发明的,它属于膨胀性泡沫材料的类别。这种材料由黏性流体和聚合物合成而成,具有应变速率敏感性的特殊性能。

D3O材料的应用代表了滑雪装备领域的前沿技术,提供了出色的保护性能,同时确保运动员在寒冷的条件下能够保持舒适和自由的运动。这种创新材料在滑雪装备中的应用有望进一步提升滑雪体验和安全性。

(三)宇航服

航天服,又称为太空服,是宇航员进行太空任务时穿着的特殊装备。它是一种个人密闭设备,旨在保护宇航员免受真空、高低温、太阳辐射和微流星等危害因素。在太空中,由于缺乏大气压,人体内的氮气会变成气体,导致体积膨胀。如果宇航员不穿戴加压气密的航天服,就会因体内外的压力差异而面临生命危险。

现代航天服的历史可以追溯到 1961 年,是以当时美国海军的高性能战斗机飞行员穿着的 MK–4 型压力服作为基础进行改进的。这种航天服由氯丁橡胶涂在布上的防护层和经过氧化铝处理的强化尼龙内绝热层叠合而成。肘部和膝关节处缝入了金属链,以便宇航员容易弯曲身体。然而,当内部压力增加时,这种航天服限制了宇航员的活动能力。

第三代航天服是美国阿波罗计划时使用的航天服,具有伸缩自如的褶皱,使宇航员能够在月球表面行走并采集岩石标本。它能够保护宇航员免受强烈太阳光辐射的影响,甚至能够抵御从天而降的微小陨石的撞击,不会造成航天服的破损。这种航天服还配备了特殊的内衣,内衣由网状材料制成,内部流动着冷水,能够吸走宇航员体内产生的热量,保持舒适性。

（四）其他方面的应用

服装工效学在各种特殊人群的服装设计中发挥着重要的指导作用。这包括童装、孕妇装以及轮椅使用者服装等领域。

童装的设计需要考虑到儿童的特殊生理和心理需求。与成人相比,儿童的生理和心理发展都有独特之处。他们的服饰不仅需要满足环保要求,还必须在自然、休闲和舒适的基础上考虑儿童的心理、智力活动、体态以及生活习惯。

孕妇装的设计同样需要服装工效学的指导。随着社会经济的发展,孕妇服饰不再只是功能性的需求,也成了一种标志性的衣服。孕妇希望她们的服装不仅规范合身,还能展现出自己独特的精神和风采。在孕妇装的造型上,通常采用上下一样宽的 H 型或者上宽下窄的 A 型设计。H 型设计具有整体感,不会强调身体的曲线变化,而 A 型则通过底摆的宽度创造出安全感,遮盖了身体形态的变化。这两种款型的选择可以有效地避免突出孕妇的腹部。

除了童装和孕妇装,服装工效学还广泛应用于其他领域,如轮椅使用者服装、专业运动服装跑步服和篮球防护服等。这些领域的服装设计都需要考虑特殊人群的需求,以确保他们在穿着这些服装时既能享受舒适性又能保持安全。服装工效学的应用有助于确保这些服装的设计和制作更加贴近实际需求,提高穿着者的生活质量。

第五节　文化、历史与现代时尚的交融

一、传统与现代的交融

随着人类社会步入 21 世纪,新一轮东西方文化的融合和传统与现代的交融,为充满现代活力的城市增添了新的文化魅力和时尚亮点。具有中国传统风格的服装重新在繁华的都市街头流行开来,如以传统丝绸面料和蓝印花布制作的中式上衣、小肚兜、长裙、旗袍,款式新颖,配以精致的中国结盘扣以及典雅细致的边缘装饰等,甚至女性的手袋和手机套也以织锦缎面料制成。从整体着装到微妙的点缀,都展现了中国女性的庄重、优雅、秀丽和自然之美。这种时尚同样也对男士产生了影响,团花镶边的中式盘扣外衣为他们带来了潇洒和自信的氛围。

中国传统服饰文化拥有淳美、儒雅而独具韵味的魅力,深深地打动了现代社会和时尚界年轻一代的心灵。他们在吸收外来文化的同时,也将目光转向本国传统,怀着对文化的回归之情,渴望领略民族文化的精髓。这使人们在日常生活中能够处处感受到中国传统文化所带来的艺术氛围。

近几年来,有关部门和人士以多种方式宣传中国的传统文化。他们提倡穿着华服,举办大型展演活动,宣传东方神韵,为中国喝彩,营造一种穿着中式服装的氛围。华裔女设计师安娜·苏多次将中国传统风格的服饰引入美国并介绍给世界各国,弘扬中国优秀的民族文化,树立民族自强的精神。时装界更是多次出现了“中国风”和“东方潮”的概念。

以上的努力使得中国传统服饰文化在当代焕发新的活力。年轻一代热衷于将传统与现代相结合,以创新的方式展现中国传统服饰的魅力。设计师们融合传统元素和现代审美,创作出独具个性和时尚感的服饰作品。这些作品既保留着传统服饰的经典特色,又注入了现代的时尚元素,让人们在穿着中感受到传统文化的底蕴,同时展示出中国时尚的独特魅力。

　　总之,中国传统服饰文化在现代社会中仍然具有重要的地位和影响力。通过各种宣传和创作的努力,人们对传统服饰的兴趣日益增加,将其融入到日常生活和时尚中。这不仅促进了民族文化的传承和发展,也让世界更多地了解和欣赏中国独特的服饰文化。

二、中西文化的交融

　　享誉世界的时尚大师,如克里斯蒂安·拉洛克、皮埃尔·巴尔曼以及纪梵希等,曾从中国传统艺术中获取了灵感,将这些元素融入到他们的设计之中。在他们的作品中,可以看到大量采用中国传统服饰中的精致花卉刺绣、镶珠装饰等元素以及独特如羽毛般轻柔的丝绸面料。图案和色彩的设计也汲取了中国明清时期青花瓷器的独特特点。

　　一位法国设计师曾用这样的词语来形容,古老的东方文化作为启发的源泉,让人深陷其中,中国传统服饰艺术中的惊人华丽被发掘并融入到他们的创作中。这些大师们的作品成为时尚世界中的亮点,将中国文化的魅力和深度传递给了全球的时尚爱好者。这也反映了文化与时尚之间的紧密联系以及传统与现代的成功融合。

　　中国传统服饰之所以深入人心,不仅仅在于其外在的表现形式,更源自于内在的精神力量。中国传统艺术强调意境美,在服饰艺术中也有所体现。艺术家们追求表现艺术的个性,将其化为服饰上的造型、色彩、纹饰、肌理等艺术形式,以此将设计意图和艺术思想凝固在服饰之上。通过服饰的形象,他们达到了"事外有远致"的境界,展现出人类心灵之美与自然之美的和谐统一。

　　在现代都市生活的喧嚣和浮躁中,人们更加向往宁静、和谐的生活,追求回归大自然的情趣,渴望返璞归真的乡野意境。中国传统服饰所展现出的意境美,成为现代时尚潮流中的一道亮丽风景线,并逐渐融入人们内心的深处。

　　这种内外兼修的传统服饰设计,不仅仅是一种时尚,更是一种文化的传承和精神的传达。通过传统服饰,人们能够感受到自然之美与人文精神的契合,体验到心灵的宁静与和谐。在现代生活的快节奏中,传统服饰为人们提供了一种回归内心深处,寻找心灵安宁的途径。因此,中国传统服饰不仅仅是一种装束,更是一种内心的寄托,一种精神的寄托,承载着文化的厚重和人类情感的深远。

三、传统与创新的交融

尊重传统而致力于创新是设计师们的核心任务。然而,这并不意味着简单地照搬传统,直接模仿或简单地重复传统形式。相反,设计师应该以一种有机的方式融合传统元素,将其与自己的创意理念相结合,用现代生活理念和时代精神重新演绎中国传统服装。

在这一过程中,设计师的任务是使传统服装既能传达中国传统服饰的文化精髓和民族特色,又能满足当代年轻人的审美需求。这需要从多个方面入手,包括面料的选择、图案的搭配、款式的更新以及裁剪工艺的改进。

设计师可以将中国传统服装的精华融入现代设计,同时注重细节,如领口、袖口、摆边、扣子、边缘等装饰部分。这些细节可以通过高低开叉、不对称设计、降低领口线条、衣身的镂空处理、传统珠宝元素的镶嵌、丝带装饰与现代电脑技术相结合的刺绣工艺等来表达服装风格。

通过巧妙地将中国传统服装形式与现代时尚相融合,设计师可以创造出具有深度和独特性的时装,既弘扬传统文化,又满足现代消费者的需求。这一创新的过程有助于丰富时尚界,同时也使中国传统服饰在当代焕发新的生机。

香港设计师大卫·唐以一种独特的视角重新诠释了中国传统服饰的精髓。在他的时装品牌中,他展示了一系列精心设计的中式服装,包括采用高档真丝绒、开司米和小山羊皮等精美面料制作的中山装和旗袍。这些服装在尊重传统格调的基础上,注入更多的现代氛围,特别关注了现代人的身材和时尚品位,从而打造出更符合众多现代东方和一部分西方人的时尚服装。

位于时尚之都巴黎的一家中式服装设计公司也积极汲取中国传统文化的灵感,将重新设计后的中式传统服装推向市场,受到了广泛的欢迎。这家公司已经在巴黎开设了 8 家时装店,这些店铺中可以找到中式风格的服装和饰品。高档丝绸上的纹样具有中国传统的经典形式,对襟小立领的外衣装饰着精美的中国刺绣和花边,无袖长旗袍镶有精巧的缘边和精心编织的中国纽结。

这里的男式西装也采用中国传统图案的丝绸面料制作,明显带有中国传统的风格。这些服装不仅在异国他乡出现,还在各种公共场合和人们的日常生活中崭露头角,成为现代时尚界的一道亮丽风景,将中国传统服饰的魅力和独特性展现给了全世界。这种创新的时尚设计方法弘扬了中国传统文化,同时也在国际舞台上取得了显著的成功。

四、丝绸面料的新机遇

时装和面料设计师应该积极把握机遇,深入研究国内外时装市场的变化趋势,以确保他们在创新方面占据主导地位。他们可以通过多角度的方法来设计出全新感觉的丝绸面料和时装,特别是从丝绸面料的色彩、花型、肌理、手感以及纹织等方面入手。同时,结合高科技手段,将科技与艺术融合,以创造出更加具有吸引力和竞争力的产品。

现代时装面料的设计趋向包括回归朴素、崇尚自然和关注环境保护等主题。此外,时装面料的美观、柔软、悬垂、透气性以及保健等科学功能也变得日益重要。丝绸面料天然地具备了上述主题和功能,因此越来越受到人们的青睐。可以说,丝绸面料拥有巨大的发展潜力。

鉴于我国在丝绸面料设计和生产方面的一些技术方面的不足,如色彩彩度不足、易皱、易褪色、需要经常整烫等问题,设计师和工艺师们应该着手改进这些技术问题。他们可以将技术创新与艺术创新相结合,为丝绸面料注入新的内涵。这包括创造具有凹凸立体感的面料、具备免烫和防皱功能、加入弹性纤维、具备易于整形的特性以及更加粗犷和充满细节的外观设计。通过将传统丝绸的精髓与现代时尚相结合,设计师们可以创造出更受人喜爱和接受的花型和色彩,使丝绸面料更加现代且实用。这样的创新将有助于丰富时装市场并推动丝绸面料行业的发展。

第三章 | 纺织与服装制造技术

　　随着环境污染、能源短缺问题的日趋严重,时尚可持续发展理念已成为纺织服装产业的热门话题。随着科技的进步以及人们对环保问题越来越重视,先进的纺织与服装制造技术开始成为各个国家关注的焦点。具有低资源能耗、高经济效益的技术与方式,逐渐获得市场的认可。服装产业开始向环保生态转型,走可持续发展之路。

第一节　可持续纺织材料与创新

　　随着人们对环境和社会责任的关注日益增长,传统纺织材料对可持续性发展的挑战日益显现。为了解决这一问题,纺织行业开始探索新型的环保纺织材料,并在时尚设计中应用这些创新材料。本节将重点介绍再生纤维和生物基材料两种可持续纺织材料的特点和应用,并探讨品牌和设计师如何通过这些新型材料进行创新时尚设计,以推动纺织业的可持续发展。

一、再生纤维的特点与应用

（一）再生纤维的来源

　　再生纤维通常是通过回收废弃纺织品、植物纤维或其他可再生材料制成的。常见的再生纤维包括再生棉、再生聚酯和再生尼龙等。

（二）再生纤维的优势

　　（1）节约资源:再生纤维能够最大程度地利用废弃物和可再生资源,减少资源的消耗和浪费。

　　（2）节约能源:再生纤维的生产过程通常比传统纤维需要更少的能源。

　　（3）减少环境污染:再生纤维的生产过程中,排放的污染物通常较少,有助于减少对环境的不良影响。

（三）再生纤维的应用

再生纤维广泛用于时尚设计中的各种服装和纺织品，如 T 恤、牛仔裤、袜子等。再生棉可以用来制作柔软舒适的棉织品，再生聚酯和再生尼龙可以用于制作运动服饰和户外装备。

二、生物基材料的特点与应用

（一）生物基材料的来源

生物基材料通常是通过植物、微生物或其他生物资源制成的。常见的生物基材料包括竹纤维、牛奶纤维和果皮纤维等。

（二）生物基材料的优势

（1）可降解性：大部分生物基材料可以在自然环境中降解，减少对环境的负面影响。

（2）低碳排放：生物基材料的生产过程通常比传统纺织材料的生产过程产生更少的碳排放。

（3）可再生性：生物基材料可以通过可持续方式获得，如植物的种植和再生资源的回收利用。

（三）生物基材料的应用

生物基材料可以用于制作各种时尚产品，如衣服、鞋子、包包等。竹纤维常用于纺织品的制作，牛奶纤维可以制作出柔软光滑的面料，而果皮纤维可以用于制作环保皮革和纸张。

第二节　绿色染整与表面处理技术

　　染整与表面处理是纺织行业中至关重要的环节,传统的染整和表面处理过程可能会对环境和人体健康造成伤害。为了解决这些问题,绿色染整与表面处理技术应运而生。本节将介绍绿色染整与表面处理技术的概念、特点及其对纺织行业的影响。同时,还将讨论目前已经推出的具有创新性和环保可持续性的绿色染整与表面处理技术。

一、绿色染整技术

(一)传统染整技术的问题

　　传统染整技术在服装制造和纺织工业中长期使用,但也存在一些问题和挑战,其中包括以下几个方面。

　　(1)环境污染:传统染整过程中使用的染料和化学物质可能对环境造成污染。废水排放中的有害物质和化学废料的处理可能会对水体和土壤产生负面影响,导致生态系统被破坏。

　　(2)资源浪费:传统染整过程通常需要消耗大量水和能源。染色、漂白和整理等过程消耗了大量的淡水,而传统能源的使用也导致了能源浪费。

　　(3)健康风险:工作在传统染整厂的工人可能暴露于有害化学物质,这可能对他们的健康造成危害。染料和化学品的接触可能导致呼吸问题、皮肤炎症和其他健康问题。

　　(4)高耗能:传统染整工艺通常需要高温、高压和长时间的处理,这会导致高耗能,增加了生产成本,同时也对环境产生不利影响。

　　(5)缺乏可持续性:传统染整技术通常不具备可持续性。它们未能满足不断增长的对环保和可持续生产的需求。

（6）限制设计创新：传统染整技术对于设计创新的支持有限。它们通常使用的方法和材料限制了纺织品的设计灵活性，难以实现个性化和定制生产。

为了解决这些问题，纺织和时尚产业正在寻求采用更环保、可持续的染整技术，如数字印花、染料子转移印花、植物染色等，以减少资源消耗、减少污染，同时提高生产效率和产品质量。可持续染整技术可以帮助行业在保护环境和提高可持续性方面取得更大的进展。

（二）绿色染整的概念和原则

绿色染整是一种旨在减少环境影响、降低资源消耗以及提高可持续性的染整方法。它强调采用环保的、可持续的工艺和材料，以减少废物和污染，同时提高产品质量。

（1）减少化学品使用：绿色染整倡导减少或消除有害化学品的使用。这包括采用更安全的染料和化学助剂，以降低对工人和环境的危害。

（2）节约水资源：染整过程通常需要大量水，绿色染整着重于减少用水量。采用封闭式循环系统、水循环利用和水资源管理技术有助于最小化水资源浪费。

（3）能源效率：绿色染整强调提高能源效率，降低能源消耗。采用低温染色、能源回收和高效设备有助于降低能源成本和减少碳排放。

（4）废物减少：绿色染整追求减少废物产生。优化工艺和材料选择，可以降低废物产生率，并通过回收和再利用废物来减少环境负担。

（5）可持续材料：选择可持续的纤维和染料材料是绿色染整的一部分，如用有机棉、再生纤维和天然染料等可持续材料。

（6）持续创新：绿色染整鼓励不断创新，寻找更环保和高效的染整技术和工艺，如数字印花、染料子转移印花、植物染色等新兴技术。

（7）生态标签和认证：许多绿色染整产品和品牌会寻求生态标签和认证，以证明其产品在环保和可持续性方面的承诺。例如，OEKO-TEX和GOTS是一些常见的认证机构。

总的来说，绿色染整旨在实现染整过程的可持续性，通过减少资源消耗、降低污染和改善工作环境来减少环境和社会影响。这有助于推动时尚和纺织产业朝着更可持续和环保的方向发展。

（三）绿色染整技术的应用

绿色染整技术在时尚和纺织产业中的应用越来越广泛，以减少环境影响、资源消耗和提高可持续性。以下是绿色染整技术的一些应用领域。

（1）服装生产：绿色染整技术用于制造环保服装，包括衣服、鞋子和配件。这可以包括数字印花、植物染色、染料子转移印花等，以减少有害化学品和水的使用。

（2）家居纺织品：床上用品、窗帘、地毯等家居纺织品也可以采用绿色染整技术，以降低环境影响，并提供更健康的居住环境。

（3）运动和户外用品：运动装备、户外服装和鞋子通常需要耐用、耐水和耐磨的特性，绿色染整技术可以满足这些要求，同时减少对环境的负面影响。

（4）可持续时尚品牌：许多可持续时尚品牌将绿色染整技术作为其核心价值，通过采用环保的染整方法来生产他们的产品，吸引那些关心可持续性的消费者。

（5）医疗纺织品：医院和医疗设施可以采用绿色染整技术来生产医疗服装和床单，以减少化学残留和对环境的污染。

（6）工业应用：绿色染整技术也在工业领域中得到应用，包括汽车内饰、航空航天材料和其他工业纺织品的制造。

（7）定制和小批量生产：数字印花技术使定制和小批量生产变得更容易，因此消费者可以根据他们的具体需求获得个性化的产品，减少库存和废物。

（8）绿色供应链管理：品牌和制造商可以采用绿色染整技术来改进他们的供应链可持续性，减少资源浪费和环境污染。

这些应用领域代表了绿色染整技术在各个行业中的广泛应用，有助于实现更环保、可持续的生产和消费模式。这些技术的采用有助于减少对有害化学品和资源的依赖，推动产业朝着更可持续的方向发展。

二、绿色表面处理技术

（一）传统表面处理技术的问题

传统表面处理存在的问题和面临的挑战，主要包括以下几点。

（1）环境影响：传统表面处理技术通常需要使用大量化学品，包括有害物质，这会导致环境污染和危害生态系统。废水和废物处理也可能是一个问题，因为这些化学品需要妥善处理以防止对环境的负面影响。

（2）能源消耗：一些传统表面处理过程需要高能耗，如热处理或镀层。这不仅增加了生产成本，还对能源资源造成了压力。

（3）废物产生：传统表面处理技术通常伴随着大量废物的产生，包括废水、废气和固体废物。这需要额外的资源和成本来处理和处置废物。

（4）危害健康：一些使用的化学品可能对工人的健康构成威胁。暴露于有害物质可能导致职业性疾病和健康问题。

（5）质量一致性：传统表面处理技术可能在产品质量一致性方面存在挑战，因为过程中的温度、湿度和其他因素可能导致变化，这可能会影响最终产品的性能和外观。

（6）资源浪费：传统技术中的一些步骤可能导致资源浪费，例如在镀层过程中的大量材料浪费。

（7）有限的应用范围：一些传统表面处理技术只适用于特定类型的材料或产品，限制了其应用范围。

为了应对这些问题，许多行业和制造商正在寻求采用更可持续和环保的表面处理技术，例如绿色染整技术、无害的涂层、无害的清洗方法和再循环材料，以降低环境影响，提高效率并提高产品质量。这些新技术的采用有助于推动产业朝着更可持续的方向发展。

（二）绿色表面处理的概念和原则

绿色表面处理技术是指在表面处理过程中尽量减少对环境的不良影响的技术。这些技术通常旨在减少化学品使用、能源消耗和废弃物产生，以及减少对环境的污染。绿色表面处理是一种可持续性的表面处理方法,确保产品符合环保标准。

（1）最小化化学品使用：绿色表面处理方法致力于减少或完全消除有害化学品的使用。这可以通过使用更环保的替代品或采用无化学品方法来实现。

（2）节约能源：减少能源消耗是绿色表面处理的一个重要原则。采用低温、高效的过程和设备，可以减少能源消耗，从而降低碳足迹。

（3）减少废物和废水：绿色表面处理方法旨在最小化废物和废水的产生。这可以通过回收和再利用材料，以及采用更清洁的生产过程来实现。

（4）使用可再生资源：尽量使用可再生资源，如可再生能源和可再生原材料，以减少对有限资源的依赖。

（5）降低对人体健康的风险：确保表面处理方法不对工人的健康构成威胁，这可以通过使用无害的材料和提供适当的防护措施来实现。

（6）提高产品质量：绿色表面处理方法应该能够提高产品的性能和质量，而不是降低它们。这可以通过精细的工艺控制和监测来实现。

（7）遵守法规和标准：确保表面处理过程符合环保法规和行业标准，以确保产品的合规性。

（8）持续改进：绿色表面处理是一个不断改进的过程。制造商和行业应不断研究和采用更环保、更高效的技术和方法。

总的来说，绿色表面处理的核心原则是最大限度地减少对环境和健康的不良影响，同时提高产品质量和效率。这有助于推动可持续发展，并满足越来越多消费者对环保产品的需求。

（三）绿色表面处理技术的分类

绿色表面处理技术可以根据不同的方法和应用进行分类。

（1）水性涂料：包括使用水作为稀释剂的涂料和表面处理方法。这种方法相对于传统的溶剂基涂料更环保，因为它们排放的挥发性有机化合物较少。

（2）无溶剂涂料：这类涂料使用不含挥发性溶剂的涂料和处理技术，从而减少对空气质量的不利影响。

（3）粉末涂料：这种涂料是一种无溶剂、环保的表面涂层方法。它在施工过程中不释放有害的挥发性有机化合物，减少了对环境的影响。

（4）热处理方法：比如使用热处理来改变材料表面的性质，而不使用化学物质。

（5）生物基材料和生物降解技术：包括使用可再生材料和易于降解的材料来进行表面处理，减少对环境的负面影响。

（6）纳米技术应用：使用纳米技术改变材料表面性质，以提高耐久性、清洁性和其他性能，有时也能减少化学使用。

这些绿色表面处理技术在许多领域有广泛的应用，包括但不限于建筑、汽车制造、金属加工、电子设备制造、家具制造以及其他工业和日常生活中需要表面处理的领域。这些技术有助于减少环境负担，改善工作环境，同时提供高效、可持续的处理方法。

（四）绿色表面处理技术的应用

绿色表面处理技术在各个行业中都有广泛的应用，主要目的是改进产品的性能、延长使用寿命，并降低对环境的负面影响。以下是一些常见的应用领域。

（1）金属加工和防腐蚀：在金属工业中，绿色表面处理方法包括使用环保友好的防腐蚀涂层、电镀替代方法以及使用无害化学品来改进金属的耐久性。

（2）木材保护：绿色表面处理技术用于保护木材免受腐蚀、昆虫和真菌的侵害。这包括使用环保的木材保护涂层和无害的木材保护剂。

（3）油漆和涂层：在建筑和汽车行业，绿色表面处理方法可用于制造环保友好的油漆和涂层，以减少挥发性有机化合物（VOC）的排放。

（4）塑料加工：在塑料制造中，采用可降解材料、回收塑料以及使用环保的颜料和添加剂，以减少对环境的不良影响。

（5）电子制造：在电子行业，使用低铅、低卤化物和无危险物质的焊料和材料，以确保电子产品的制造过程更环保。

（6）纺织业：纺织品染色和印花过程中采用水性颜料和低污染染料，以减少废水排放和减少对水资源的消耗。

（7）食品包装：使用可降解和可回收的包装材料，以减少单次使用塑料制品的数量。

（8）建筑材料：生产绿色建筑材料，如环保的混凝土、隔热材料和屋顶涂料，以提高建筑的能效和环保性。

（9）汽车工业：采用低排放喷漆、轻量化材料和可再生能源来制造更环保的汽车。

这些只是一些绿色表面处理技术的应用领域示例。随着可持续性意识的提高，各行业都在不断寻找更环保的方法来改进产品制造过程，并减少对环境的不良影响。

三、具有创新性的绿色染整与表面处理技术

（一）CO_2染色技术

CO_2染色技术是一种环保的织物染色方法，旨在减少对环境的不良影响。它与传统的水性或有机溶剂染色方法不同，CO_2染色技术使用超临界二氧化碳（CO_2）作为染料传递媒介。

CO_2染色技术的优点包括减少用水和能源消耗，减少废水排放，减少化学品的使用，降低环境污染，提高染色效率和质量。这种技术在纺织业和其他领域中受到越来越多的关注，因为它有助于实现可持续发展目标，减少对自然资源的依赖，同时提供高质量的染色效果。

（二）涌动染色技术

涌动染色技术，又称为流体化床染色技术，是一种用于织物染色的创新方法。它与传统的浸泡染色方法不同，使用了液态介质和气体一起在染色过程中传递染料。以下是涌动染色技术的主要特点和步骤。

（1）床体液化：在涌动染色技术中，床体是一个用于支撑织物并传递染料的床，通常由微细颗粒物质构成，如硅胶或氧化铝。这些颗粒物质允许织物均匀分布在床上。

（2）气体传递：气体（通常是空气）通过床体底部通入，以在织物和床体之间形成气体层。这个气体层通过气体的涌动和循环来推动染料传递。

（3）染料分散：染料以某种形式分散在液态介质中，通常是水。这种染料溶液被喷洒到织物上。

（4）涌动和混合：气体的涌动和床体的振动将染料传递到织物

中。床体的运动确保了染料的均匀分布,并在织物纤维之间有效地传递染料。

(5)控制参数:涌动染色技术的成功取决于许多参数,如气体流量、液态介质的性质、床体振动频率和幅度等。这些参数需要精确控制,以确保染色的质量和一致性。

涌动染色技术被认为是一种环保和可持续的染色方法,因为它减少了水资源的使用,减少了废水处理的成本,并提高了染色的可持续性。这使得它在纺织工业中越来越受欢迎,特别是在追求可持续发展的趋势下。

(三)基于纳米技术的绿色表面处理

基于纳米技术的绿色表面处理是一种应用纳米材料和纳米结构来改善材料表面性能的方法,旨在减少环境影响和提高可持续性。这种方法通常包括以下几方面的研究和应用。

(1)自清洁表面:一种常见的应用是开发自清洁表面,这些表面能够在太阳光照射下分解有机污染物,常使用纳米二氧化钛(TiO_2)或其他光催化材料来实现。不仅减少了对化学清洁剂的需求,而且降低了表面清洁的能源消耗。

(2)抗菌表面:利用纳米银颗粒等纳米材料,可以制备抗菌表面,能够杀死或抑制微生物的生长。其在医疗设备、食品包装和公共场所的表面上有广泛应用,有助于控制细菌和病毒的传播。

(3)防污表面:在材料表面创建纳米结构,可以减少污垢和沉积物的附着。这意味着材料表面更容易清洁,减少了清洁的频率,减少了用水和清洁剂的使用。

(4)超疏水和超亲水表面:纳米技术可以用来调整材料的表面亲水性或疏水性,从而实现不同的应用,如自清洁玻璃、防雾镜或防雨服装。

(5)耐磨和耐腐蚀表面:通过应用纳米涂层,可以增强材料的耐磨和耐腐蚀性能,延长其使用寿命,减少资源浪费。

(6)能源效率:一些纳米材料和结构可以改善太阳能电池、LED 照明和其他能源设备的性能,从而减少对能源的需求。

这些基于纳米技术的绿色表面处理方法有助于减少资源的浪费,减轻对环境的不良影响,并提高材料的可持续性,在材料科学、医疗、能源和环境保护等领域都具有广泛的应用潜力。

（四）生物酶法处理技术

生物酶法处理技术是一种利用生物酶来分解、转化或去除有机废物和污染物的方法。这种技术通常被用于环境保护、废物处理、生物制药等领域。以下是关于生物酶法处理技术的一些关键信息。

（1）生物酶的作用。生物酶是生物催化剂，具有高度选择性和效率。它们可以加速生物化学反应，例如分解有机物、去除有害物质、转化废物为有用产物等。酶主要来自微生物、植物或动物。

（2）应用领域。

废物处理：生物酶法可用于处理各种废物，包括有机废物、农业废物、食品废物和纺织废物。这有助于减少废物的体积，减轻对垃圾填埋场的负担。

水处理：酶可以用来去除污水中的有机物和污染物，提高水质。

生物燃料生产：生物酶被广泛用于生物乙醇和生物柴油等生物燃料的生产，以降低对化石燃料的依赖。

生物制药：在制药工业中，生物酶用于生产药物、酶替代疗法和生物治疗。

（3）优势。

环保：生物酶法处理技术通常比传统的化学方法更环保，因为它们通常需要较低的温度和压力，减少了能源消耗和废物产生。

高效性：生物酶具有高度选择性和高效率，能够在温和条件下完成反应，提高了产率。

生物相容性：酶通常是生物相容的，适用于医药和生物制药领域。

可再生性：生物酶可以通过发酵等生产方式获得，具有可再生性。

（4）挑战和限制。酶的活性和稳定性受到温度、pH 值、离子强度和抑制物质等因素的影响，需要精确控制条件。

成本问题：纯化和生产高质量酶可能会昂贵。

工程难度：将酶应用于大规模工业生产可能需要克服工程和技术难题。

总的来说，生物酶法处理技术是一种有潜力的环保技术，可以在废物处理、水处理、生物制药和能源生产等领域发挥作用。随着科学和技术的不断发展,预计生物酶法将继续在各个领域中发挥更大的作用。

四、环保可持续的绿色染整与表面处理技术

（一）彩虹染色技术

循环水利用技术是一种旨在最大程度减少淡水消耗并最大限度减少废水排放的技术。它通常应用于工业、农业和城市环境中,以促进可持续用水管理。以下是有关循环水利用技术的一些关键信息。

1. 原理

循环水利用技术通过将废水收集、处理和再利用,以满足不同领域的用水需求,主要包括将工业废水、城市污水或农业排水经过适当处理后重新引入生产过程或农田灌溉中。

2. 应用领域

工业:工业领域广泛使用循环水系统,特别是需要大量水的制造业,如电力、钢铁、纺织和化工。

农业:循环水系统可以用于灌溉农田,减少淡水用量,提高农业可持续性。

城市:在城市环境中,循环水系统可以用于冷却水、公共卫生和景观灌溉等方面,以减轻对自来水的依赖。

3. 技术组成

典型的循环水系统包括水收集、水处理、水储存、水再利用。

水收集:废水或排水被收集并送入处理系统。

水处理:废水需要接受适当的处理,以去除污染物、细菌和有害物质,确保再利用水质量。

水储存:处理后的水被存储在适当的容器中,以便在需要时再利用。

水再利用：储存的水可以用于各种用途，例如工业生产、农田灌溉或城市供水。

4. 优势

节约淡水资源：循环水系统有助于减少淡水的使用，从而减轻水资源短缺问题。

减少废水排放：通过再利用废水，循环水系统减少了对环境的负面影响，降低了废水排放。

节省能源成本：再利用水通常比从新水源中获得水更经济，有助于降低能源成本。

5. 挑战和限制

技术成本：建立和维护循环水系统通常需要一定的投资，包括水处理设备和管道建设。

污染物处理：废水处理可能需要额外的成本和技术，以确保再利用水质量。

水质监测：保持再利用水质的稳定需要定期监测和维护。

总的来说，循环水利用技术是一种重要的可持续水管理方法，有助于减少淡水资源的浪费和废水排放，对环境和社会都具有积极影响。在水资源紧缺的地区和需要提高水资源利用效率的领域，这种技术尤其有价值。

（二）基于植物染料的绿色染整技术

基于植物染料的绿色染整技术是一种可持续和环保的方法，用于给纺织品和纤维制品上色。它采用来自天然植物的染料，而不是传统的合成染料，以减少对环境的不良影响。以下是有关植物染料的绿色染整技术的一些关键信息。

（1）使用天然植物染料：这种技术使用从天然植物中提取的染料，如蓝莓、藏红花、茜草、蓼草、木槿等。这些植物染料是可生物降解的，因此对环境的影响较小。

（2）可持续采集：植物染料通常可以通过可持续采集的方式获取，而不会对植物资源造成过度损害。这有助于保护野生植物和生态系统。

（3）减少化学品使用：与传统的合成染料相比，植物染料的使用减少了化学品和有害物质的使用，包括有害的染料助剂和废弃物。

（4）低能源消耗：植物染料的染色过程通常需要较低的温度和热量，因此能源消耗较低。这降低了温室气体排放。

（5）生物降解性：植物染料通常更容易生物降解，不会在环境中积累，这减少了对土壤和水体的污染。

（6）增加产品价值：使用植物染料的纺织品在市场上具有独特的卖点，因为它们被视为可持续和环保的选择。这可能提高产品的市场价值。

（7）挑战。

①颜色稳定性：与合成染料相比，植物染料的颜色可能不够稳定，容易褪色。这需要额外的处理和改进。

②染色成本：某些植物染料可能更昂贵，因为它们需要更多的原材料和处理步骤。

③标准化：确保每批染色的一致性存在一定的挑战，因为自然植物染料的特性有所变化。

基于植物染料的绿色染整技术代表了向可持续和环保纺织业的迈进。它有助于减少纺织业对化学品和能源的依赖，降低环境负担，同时提供具有独特外观的产品。这种技术在可持续时尚和纺织领域越来越受欢迎。

五、绿色染整与表面处理技术的影响与挑战

绿色染整和表面处理技术都是为了减少对环境的不良影响，提高可持续性的纺织和制衣行业领域的创新。它们可以相互配合，但也存在一些影响和挑战。

（一）绿色染整与表面处理技术的影响

（1）环境友好性：绿色染整和表面处理技术都减少了对环境的不良影响。使用天然植物染料和环保的表面处理方法可以降低化学废物的排放，减少土壤和水体的污染，有助于维护生态平衡。

（2）可持续性：这些技术有助于提高纺织品的可持续性。通过减少能源消耗、减少化学品的使用以及提高产品的寿命，它们有助于减少资源浪费，从而降低对自然资源的依赖。

（3）市场竞争力：绿色染整和环保表面处理技术可以为企业带来市场竞争力。消费者对环保产品的需求不断增加，因此具有环保认证的产品在市场上更具吸引力。

（4）创新和研发：这些技术的采用鼓励了创新和研发。纺织行业需要不断改进和发展更环保的方法，这将激发技术创新。

（二）绿色染整与表面处理技术的挑战

（1）成本问题：绿色染整和环保表面处理技术可能需要更多的初投资和研发成本。某些天然染料和环保化学品可能更昂贵，这可能会增加生产成本。

（2）颜色稳定性：使用天然染料的产品可能具有较差的颜色稳定性，容易褪色。这可能需要额外的研发来解决。

（3）标准化和一致性：确保每批产品的一致性可能存在一定的挑战，特别是当使用天然原材料时，因为其特性可能有所变化。

（4）限制性染色范围：一些植物染料可能仅能产生有限的颜色范围，这可能会限制设计的自由度。

（5）市场教育：消费者可能需要教育以了解绿色染整和表面处理技术的优势。市场教育可能需要时间，以确保消费者认识到这些产品的价值。

总之，绿色染整与表面处理技术对于实现纺织行业的可持续发展至关重要。采用绿色染整与表面处理技术，可以减少对环境的污染和资源的浪费，保护工人的健康，提高企业的竞争力。未来，随着科学技术的进步和社会的需求，绿色染整与表面处理技术将不断创新和完善，成为纺织行业可持续发展的重要推动力量。

第三节　零浪费与低碳生产方法

随着全球环境问题的加剧和社会对可持续发展的需求增加,低碳与零浪费生产方法成为重要的议题。在制造业领域,实现能效、水效与资源利用率的优化对于降低碳排放、减少资源消耗和环境影响具有重要意义。本节将探讨低碳与零浪费生产方法的优化策略,关注能效、水效和资源利用率,并介绍创新的生产技术,如 3D 打印和无缝结构技术。

一、服装产业面料浪费问题严重

人与自然和睦共处是和谐社会的追求目标,也是纺织服装产业的责任与义务。服装产业碳排放占全球 10%,消耗了世界上 20% 的水资源,每年有超过 210 万吨纺织品被丢弃。时尚产业是世界上排名第二的环境污染产业。节能降耗,减少浪费,提高服装产业节能效率已刻不容缓。

对服装产业而言,最大的浪费莫过于面料的损耗,数据统计每件服装的生产平均有 15%~20% 的面料在服装裁剪环节被废弃,每天都有成千上万吨的废弃面料从生产线被送进垃圾填埋场,全球的面料浪费总量惊人。有效提高面料使用率是减少服装产业碳排放,促进时尚可持续发展的重要举措。

国内外时尚学者们对时尚可持续发展问题展开了丰富的研究,主要涉及减少化学污染、提高面料使用效率、研发环保原料、探索循环经济等研究领域。

二、解决面料浪费的普遍做法

服装的出现与发展是从古至今、循序渐进的,可以肯定的是并非古代人模仿了现代人,而是现代人模仿了古代人,如果想探讨零浪费的起源，依然需要回溯历史，反向思考，回到面料极其珍贵的古代社会。本部分内容旨在通过分析服装历史中出现的零浪费设计，探讨其影响及零浪费方法，借鉴历史，吸收古人在零浪费服装设计上的智慧，为服装的零浪费设计提供参考。

本节主要从如何提高面料使用效率的研究领域入手，在此领域国内外已取得的研究成果主要从款式设计、余料再利用及制版方法上解决面料浪费问题。款式设计主要指利用一衣多穿的设计模式，探索同一件服装的更多穿用可能，提高服装的穿用寿命从而减少浪费。余料再利用主要指将裁剪剩余的15%~20%的废布再利用，可以进行面料再创造或制作成服饰品等。在服装制版上有"一块布"设计、DPOL技术及零浪费制版等方法。"一块布设计"，即整件服装展开后为一块布料，只在必要的部位剪开却并不剪断。最早出现的一块布设计为公元4世纪的"沼泽外套"，三宅一生、Balenciaga等知名设计师在一片式结构上做过相应设计研究；DPOL技术，2009年由印度设计师Siddhartha Upadhyaya发明，他将计算机与织布机相连，直接织造出服装裁片，省去裁剪环节，避免废布的产生。

（一）从服装款式看零浪费设计

面料的幅宽是零浪费设计的关键，从古至今，从东方到西方都是围绕幅宽来设计的，在服装样式、裁剪方法、功能性及审美性等方面，出现了很多值得现今借鉴的宝贵资料。原始社会的人类就开始从"兽皮"向"布料"这一更高水准的文明迈进，最初的服装是从一块毛皮开始的。这其中不乏零浪费设计，下面列举一些在东西方历史中出现、值得借鉴和学习的服装款式。

1.初做衣时东西方的一片布设计

在中国，从最初的遮前到蔽后，包括后世出现的蔽膝（即市、芾、韨、韠）、射韝、胫衣、绑腿、裲裆、亵衣等都是一片布形制。[①] 在西亚，距今约6000年的苏美尔人穿的围腰裙"卡吾那凯斯"（Kaunakes），则是把一

① 沈从文.中国古代服饰研究[M].上海：上海世纪出版集团，2005.

片以羊毛织物为主的面料螺旋式地缠绕于身上。苏美尔伊尔总督雕像所穿的就是这种缠在腰部的裙子，上有羊毛装饰，长至踝部，多余的部分制成腰带垂在身体的后面，就像拖着 20 厘米左右的"尾巴"，材质与裙料相同。学者们推测这种"尾巴"装饰也许是编织裙子时所剩的余料；还有一种可能就是模仿羊尾的设计，因为这种服装材料就取自于羊。不管怎么说，把剩余的面料融入到设计中，没有废弃，这给后世带来了比较有趣的启发。在古埃及，男子的缠腰裙"罗印·克罗斯"（Loin cloth）也是将一块简单的亚麻布缠在腰上，并用别针固定住的服装，这种穿法在现代的印度、非洲的部分地区仍可以看到。

在欧洲的公元 3—4 世纪，罗马女子参加体育竞赛时穿的斯托罗菲吾姆（Strophium）和帕纽（Pague），是后世出现的"比基尼泳装"的"鼻祖"，从造型上，也可以说是一片布设计。[1] 到了中世纪，女子们用称为贝尔（Veil）的一块长方形的布来包头或披在头上。与此同时，还出现一款女子穿用的头巾式外套"卡巴齐夫"（Coverchief），关于这种服装的具体穿法还不是十分清楚，很多专家认为它应该和南美洲的穗式披肩差不多，就是在圆形的布上开一个洞作领口，将头套进去，套在外衣的最外面，罩住上半身，余下的布料顺到一边，或者是斜着越过胸前再绕颈一圈等。13 世纪后期，还出现了一种被称作"拜丽克"的新款女式外套，是用一大块椭圆形布料缝制的，衣料最宽的部分可达约 3.7 米，衣服上留出头和双臂的开口，穿的时候从头上套下来，肩部以下的整个身体都被严严实实地裹起来。另外，今天人们依然使用的手帕、头巾、披肩等也是对一片布的沿用。

2. 披挂缠绕式的零浪费设计

在西方，纺织技术不断进步，竖立着的纺织机可以织出幅面很宽的面料，宽松的披挂缠绕式服装由于不拘于造型上的限制，更适合于缝制技术不够先进的古代。在古巴比伦、古埃及、古希腊、古罗马时期流行的披挂缠绕式款式，主要通过复杂优美的褶皱来达到服装的优雅与自然。这类一片布披挂缠绕式设计方法虽然大量使用布料，但基本没有产生废

---

① 张蕾，陆小艾，王雪琴，等."一片布"式零浪费服装款式及图案自动拼接设计 [J]. 丝绸，2018，55（12）：71-77.

料,成为现今零浪费设计的启发和典范。

生活在两河流域的巴比伦人穿的单肩式包缠型卷衣不用缝制,而是用一块长方形的布料在身体上缠绕而成,裸露右臂和右肩,布边有流苏装饰,女子的卷衣紧裹双肩双臂。继巴比伦之后,亚述人习惯在束腰外衣上搭配一两条披肩,上面有很多流苏装饰,轻松地缠绕在腰部周围。

这种披挂缠绕式服装也出现在古希腊的"希玛纯"(Himation)及罗马的"托加"(Toga)上,与现代印度女性所穿的缠绕式民族服装"沙丽"简直可以说是一模一样。希玛纯最初只是小型披风,随着波浪褶裥自由自在地运用,逐渐演变成长约1.5米、宽约3~3.7米的一块长方形布料围成的大型披风,仅仅一块布料就可以叠出特别复杂的褶饰,把希腊服装那种庞大、敦实、个性展现得淋漓尽致,特别被哲人们喜爱,后演变成古罗马时期的托加。另外,还有希玛纯的变形款式迪普罗依迪昂(Diploidian),头部位置挖洞,四个细长有尖的布片自然垂挂形成波浪褶饰。古罗马的托加是将一块半圆形的毛织布料顺应身体曲线自然下垂,所形成的波状褶皱效果使一块布料变成充满魅力的服装,托加的美丽、庄重、威严完全取决于穿着技巧和着装者的个性。

到中世纪的拜占庭时代,流行的披挂包缠式外衣有"帕鲁达门托姆"(Paludamentum)、"帕留姆"(Pallium)、"罗鲁姆"(Lorum)。帕鲁达门托姆基本上有三种款式,最简单的一款是用一块长方形的织物搭在肩上,任其自然垂到地上,右肩用别针别住,还有展开后呈梯形或半圆形的款式。6世纪以前,帕拉逐渐变成窄的"帕留姆",折叠后的宽度为30厘米左右。拜占庭时代,帕留姆演变为表面有刺绣或宝石装饰的、约20厘米宽的带状物"罗鲁姆",通常缠在身体和脖子周围。除此之外,斗篷"曼特尔"(mantel)也拥有着悠久的历史,最初的基本形式是将半圆形或一块长方形的布料搭在肩上,在领口用装饰别针卡住,或者包住左肩和胳膊,在右肩固定。也有套头式的曼特尔,就是把一块圆形布中间挖一个洞套在脖子上,而且把布料裁成四分之三圆形,搭在双肩上,领口用安全别针固定或系带。曼特尔上面还常带有风帽。公元800年初,法国人开始穿一种十分朴素的短斗篷"萨古姆"。自古代高卢以来,罗马人、日耳曼人的可折叠穿用的长方形毛织布斗篷,野外露宿时可以打开当毯子用,也有为了保暖把大四方形斗篷折成四叠穿在身上的。

3. 系带、别针式零浪费设计

　　人类从一片布、披挂式、贯头式到前开式，出现了很多零浪费设计服装，其中最为巧妙的应该就是利用固定工具别针设计的披挂式服装了。最初在肩部起固定作用的别针是一种顶部有装饰物的尖针，在公元前1100年前后，出现一种叫"费宾拉埃"（Fibula）的安全别针，代替了这种尖锐别针。① 除了文中前面提到过的一些需要别针固定的款式之外，在古希腊、古罗马时期也出现了多款别针代替缝制的典型服装，这种方法既节省了缝制过程，也没有产生废弃面料。

　　古希腊的"多利安式希顿"（Doric Chiton）原理十分简单，没有袖子，只需宽约1.8米、长为身长加上约0.46米的毛纺布料就可制作出来，在两肩处两个别针分别固定，布料在腋下自由散开。可以变换许多款式，诸如将裙摆至腰部缝合再系皮带，很像穿的套装，另外还有不系皮带或翻向上覆盖在头上的穿着方法。爱奥尼亚式希顿（Ionic Chiton）肩部用8～10根别针固定，也有不用针固定而是直接在肩部缝合或是将面料窝进去缝合成为袖子的，其构成也很单纯，展开时也是一块长方形的布。古希腊的男性半大衣"克拉米斯"（Chlamys），其穿用方法是将1米左右见方的矩形或椭圆形毛织物叠成褶皱围住双肩，在肩部及喉处以别针固定。

　　随着罗马帝国不断向北扩张，出现了厚重而又结实的防寒外套拉塞鲁那（Lacerna），即将一块四条边都裁成圆弧形的长方形毛织物松弛地搭在肩上，并使之自然下垂形成褶裥，用安全别针在喉部或肩部固定。有的还配有拆卸自由的帽子，并有挡风防雨、做帐篷、当睡毯和改装成行军背包等多种用途。公元前4世纪前后，罗马女子穿着模仿雅典女人的爱奥尼亚式希顿的"斯托拉"（stola）和模仿希玛纯的外衣"帕拉"（palla）。斯托拉在两袖处依照布料自然下垂的褶皱做成波浪形的垂边，顶部用安全别针别上。帕拉（Palla）的基本形态就是一块未经染色处理的长方形毛织布，穿着方法与托加几乎相同，帕拉左胸处用安全别针固定着，叠出各种各样极富立体感的褶皱表现不同个性。

---

① 　贾玺增，李当歧. 西方披挂式服装固定用具——Fibula研究[J]. 南京艺术学院学报（美术与设计版），2008（03）：163-166+202.

4.回归矩形的贯头衣式零浪费设计

矩形结构的贯头衣是从原始岩画中看到的最初人类的着装样式,其缝制简单,在面料上几乎实现了零浪费。在生产力落后、布料极其缺乏的原始社会,可以说这是一种非常理想的设计,它是概括性、笼统化的整体服装,完美地体现了零浪费理念。这种贯头衣形式不仅出现在中国,在日本、西亚及欧洲等许多国家也通行。

在西亚,波斯人设计了宽松多垂褶的大礼服亢迪斯(Candys),将两块双人床大小的布料留出头、手、脚的部分,然后将肩部、两侧低腰身处到下摆缝起来,这样留出的袖口宽大舒适,在腰部的高位处系有腰带,很像现在的休闲服。亢迪斯本身构成极为单纯,无需任何裁剪,使用两块大布料虽说是非常奢侈,但使面料实现了最大限度的零浪费。精心叠出的褶及非常巧妙的波浪随着人的动作而优雅地飘动,这种服饰无论是从美的角度还是从功能的角度来说都是非常完美的。

古埃及的新王国时期从西亚引进的一种宽敞柔软的贯头衣"卡拉西里斯"(Kalasiris)也是矩形结构,是将一块身长两倍左右的宽幅亚麻布很巧妙地折叠出来穿着的礼服。古罗马男子服装丘尼卡(Tunic)是极其简单而朴素的贯头衣,它将两块毛织布在脖子和胳膊处留出口,然后把其中的三条边缝起来,形状像一条袋子,腰部再打上褶系一条细绳,劳动人民穿了整整一个时代。古罗马最初下层人民穿着的贯头衣佩奴拉(Paenula)是将一块裁成半圆形、椭圆形或方形的毛织物披在肩上,和南美的穗式披巾十分相似。

在十字军东征影响下,中世纪出现了"修尔科"(Surcot)女装,从头部套上一块长方形布,就如同遮阳篷一样前后搭着,用绳将侧面系住,类似于古代战场上披在铠甲外面的无袖披肩式的服饰。13世纪中期以后"修尔科"逐渐发展成罩在衣服外面的无袖长袍"希克拉斯"(Cyclas),两肋开衩,巧妙地形成内外服装色彩、面料及款式的对比。

(二)平面裁剪中的零浪费设计

零浪费设计关键是要有恰到好处的裁剪结构,在二维平面中裁剪出现"T"字型、"十"字型结构和最为常见的拼接式裁剪,都比较合理地利用了现有面料。

马山一号楚墓中仅见一例緅衣使用了整片衣料进行制作,是迄今为止我国考古发现最早的对襟服装,结构为左右对称,其"T"字型结构巧妙地利用一块布实现了面料的零浪费①。中国古代传统袍服、褡子、比甲、襦袄、褂等都常用"十"字型结构。波斯人穿的紧身合体、长及膝的丘尼卡,中世纪罗马人穿的达尔玛提卡也是典型的"十"字型结构。

在中国古代布幅较窄的情况下,拼图式裁剪是常用的方法。如马山一号楚墓出土编号 N-15 的棉衣运用了布幅拼接的方式进行制作,以腰缝为界,上下不通缝、不通幅,腋下横施"嵌片"。西汉最流行的曲裾深衣也运用拼接式裁剪,上下分裁,共裁成十二幅,穿着时由前绕至背后,形成曲裾。②古代中国女子下裙也常用布幅拼接的方法,特别是中唐以后,流行宽松长裙,一般用五幅丝帛缝制,也有用六幅、七幅、八幅,甚至十二幅的。明清时期流行的水田衣是典型的拼接式裁剪,最早的水田衣出现于唐代,用许多长方形布块缝制而成,从早期的均匀布料到后来的大小不一、形状各异的不规则布料。水田衣可以利用散碎布料制作,这就大大节省了布料,所以在提倡节俭的明代能够流行。除此之外,清代流行的镶滚工艺也可以说是一种拼接形式,镶滚最初来源于花边,多缝补在袖口、领口和下摆等容易破损的地方,具有实际功能。

(三)立体裁剪中的零浪费设计

东西方服饰文化在中世纪以前都追求二维平面造型,随着 13 世纪西方省道的出现,东西方服饰文化开始了不同走向。西方服饰窄衣文化的到来使零浪费设计逐渐远离人们视野,但在零浪费设计理念还没有出现的 20 世纪,就出现了零浪费服装设计的先驱者,对于现代服饰设计领域有着比较重大的参考价值。

20 世纪 20 年代,维奥奈(Madeleine Vionnet)首创的"斜裁"法轰动了时尚界,她设计出前所未有、崭新的、能让身体自由伸展的服装。她把古代文明作为设计灵感,去掉一切不必要的繁琐,让服装重归自然,尽可能地减少布与布之间的接头,提取古希腊服装的精华,运用简单的

① 贾玺增,李当岐.江陵马山一号楚墓出土上下连属式袍服研究[J].装饰,2011(03):77-81.
② 王竹,袁惠芬,夏威,等.楚服的零浪费设计对现代服装设计的启示——以"衣"为例[J].河南工程学院学报(自然科学版),2020,32(01):15-19.

正方形、长方形、圆形、几何图形,通过在肩部、腰部的自然衔接、组合以及利用面料所具的下垂性和弹性等,创造出一件件精品礼服。维奥奈倡导的裁剪改革是注重舒适和线条的流畅美,也有人称之为"手帕衣服",它不仅完美地展现了面料垂感的魅力,更实现了面料的零浪费。

20世纪30年代,格雷夫人(Gres)延续了维奥奈的褶皱式希腊风格,她运用斜裁方法,使用棉布直接裁剪,简朴、庄重、充满雕塑感与垂坠感的细褶设计是其独特性,犹如雕塑的褶裥之美达到了登峰造极的程度,柔软飘逸的褶裥仿佛回到了古希腊罗马时代。她创造出了代表晚礼服最高级别的自然下垂抽褶制作技法,运用褶皱的堆砌、折叠,使其与身体达到自然服帖,更多地避免了面料的裁剪,可以说格雷夫人对西方古代披挂缠绕式服装进行了个性化设计和发展,为零浪费设计提供了很好的参考与启示。

20世纪60年代,三宅一生(Issei Miyake)热衷于身体与衣服空间的研究,他越来越觉得一块布在不同的条件下,经过不同的设计能表现出无穷魅力。三宅一生不仅善于运用褶皱表现个性,以无结构模式进行设计,使肉体与服装之间有适当的空间,互相吸引又互相排斥,而且使面料达到最大限度的利用,又舒适、自由,充分表现了服装与肉体的一体化观念,使面料与身体共存。①

通过从东西方历代服装中找到的众多关于零浪费设计的案例能够看出,现今服装样式比如一片布、贯头式、披挂缠绕式、对襟式、上下连属式、上衣下裳式、平面直线造型、三维立体造型等多种款式及制作方法在古代就已经出现了,人类服装的历史是世代相承发展而来的,并且一直伴随着人类对美的追求。通过分析发现,零浪费设计不仅考虑了如何尽可能利用面料本身的幅宽,使面料浪费率接近于零,而且在满足人类实用性的同时,也能看到极其富有美感。在东西方服饰文化相互渗透与融合的今天,无论是从最初的一片布,还是不断演变的各式服装,都能够从历史中汲取智慧并进行实践创新。现如今在进行零浪费设计的同时,也要考虑服装样式是否符合大众审美需求,只有达到设计的实用性和时尚感,才能更好地推动零浪费设计,从设计源头减少环境污染,从而实现服装行业的可持续性发展。

---

① 刘军平.服装设计的东西方解构——以三宅一生与爱丽丝·范·赫本为例[J].艺术工作,2018(06):87-89.

（四）运用创意立体制版的方法解决面料浪费问题

服装在投入生产之前，已有约 15%~20% 的面料浪费。本部分内容旨在从可持续发展的角度突破以往"零浪费"裁剪多从平面制版角度出发的思维模式，运用创意立体裁剪的逆向思维制版技术，研发出"余料量化处理""零浪费编织处理""零浪费拼接处理"等零浪费创意立体制版方法，形成理论体系指导设计生产实践。本部分对于服装产业向环保生态转型，走可持续发展之路具有现实意义。

零浪费制版，即在服装制版及排版中追求面料的"零浪费"。目前国内外对于"零浪费"制版的研究多从平面版型出发，进行零浪费的纸样设计，推崇纸样先行的零浪费设计思路，达到面料的完全使用，不产生任何废料，代表学者有 Holly McQuillan、David Telfe 等。但服装款式受样版影响较大，从"零浪费"平面版型出发的服装款式往往缺乏多变性及时尚性。

从平面版型出发的"零浪费"设计，设计师、版师的精力过多聚焦于如何在平面面料上分割版型，通过牺牲服装的款式审美换取面料的绝对利用。本部分针对"零浪费"平面制版款式变化局限性的问题，研发出"零浪费"创意立体裁剪制版方法。采用创意立体裁剪的逆向思维造型方式，在造型中创意，提倡手、脑、眼的互动，适形造型，不断在人台上碰撞出款式的偶然性。本部分在达到面料零浪费目标的同时，探寻更多的款式变化可能，拓宽"零浪费"服装的设计思路。

以下是经过大量立裁实验所得出的"零浪费"创意立体造型制版体系，主要由多余面料的量化处理、零浪费编织处理、零浪费拼接处理三大理论方法体系构成。

1. 多余面料的量化处理——余料量化处理法

服装以人体为中心，围绕三维立体的人体展开，而服装面料是二维的平面。想将二维平面的面料适合三维人体曲线做出服装，势必会产生多余的余量。传统裁剪方法是将多余面料余量剪去，在使面料适合三维人体的同时，剪去的面料也形成了浪费。而"余料量化处理法"则是选用整幅面料，将面料需要适合人体处的余量采用"以褶代剪""以省代剪""以空间代剪"等创意立裁造型方法进行适合人体的服装形态塑造。

如图 3-1 作品,此款连衣裙造型典雅大方,富有韵律美,是采用"余料量化处理法"制作的零浪费创意立体裁剪作品。图 3-2 整款服装采用两片整幅面料做成,面料版型完整没有任何浪费。在此款作品中包含了下文将详细阐述的"以褶代剪""以省代剪""以空间代剪"的"零浪费"创意制版方法。

图 3-1　余料量化处理法零浪费制版作品

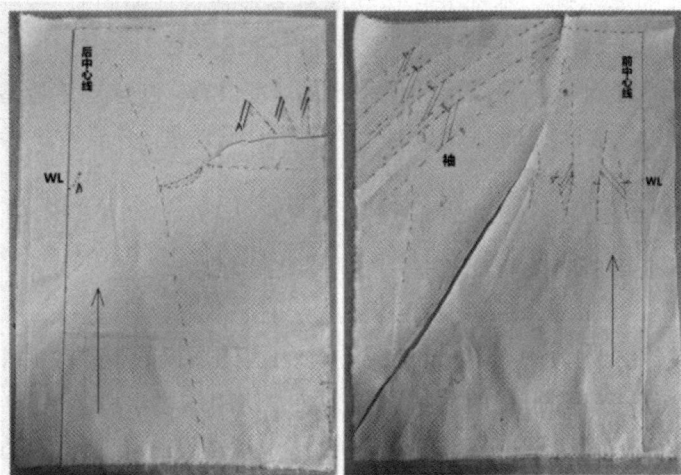

图 3-2　作品的平面版型

（1）"以褶代剪"造型方法

"以褶代剪"造型方法，即将产生面料余量的部分，根据所处人体部位特点，采用打褶的立体裁剪技术技巧进行适形造型。褶不仅起到装饰服装的美化作用，更是处理面料余量、塑造服装人体造型的绝佳手段。产生在人体不同部位的褶，会根据人体起伏调整褶的折量以达到使面料适合人体的塑形目的。

采用"以褶代剪"法时，应灵活运用创意立体裁剪造型方法，将面料余量根据人体特点及服装廓形特点进行造型设计，使余量褶自然融入到整体服装造型中，避免突兀、不符合整体服饰气韵的余量褶设计。

图3-3此款服装袖子部分便采用了"以褶代剪"的制版方法。整个袖子与前衣片相连，为连身袖造型。常规服装制版中，连身袖一般在袖中线处设有分割线，连接前后袖片。在此款服装中，袖中线处不设分割线，而是从此处开始，将多余面料顺手臂前倾造型捏扇形褶皱，覆盖至后袖片。褶皱在肩部、肘部及袖口位置三处固定，其他位置自然放置，形成自然、顺畅并符合整体服装韵律的褶皱造型特点。袖底角处剩余面料在袖口处绕手臂螺旋固定，形成袖口部分，螺旋分割线顺应整体袖子线条走势，富有气韵美。整款服装连身袖部分均为前衣片面料制成，并不涉及后衣片。

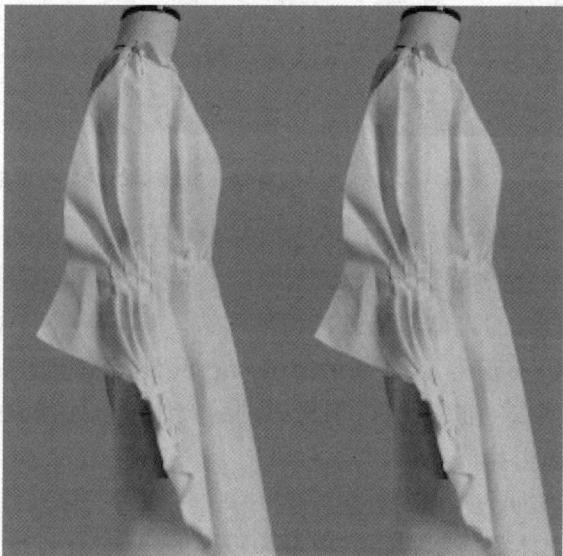

图3-3　采用"以褶代剪"处理法的袖子制版

（2）"以省代剪"造型方法

"以省代剪"法，是将在人体不同部位产生的面料余量以捏省的方式进行处理，此种方法在常规服装造型制版中也较为常用。省即是对人体差量的处理方法，常出现在人体隆起部位，如胸部、肩胛凸、臀凸、肘部、膝盖等处。如图3-4所示的作品，此款服装将胸腰、臀腰处余量采用"以省代剪"法捏取省道。为处理更多面料余量，相对捏取两条省道且省量较大，在腰部固定，下方散开。

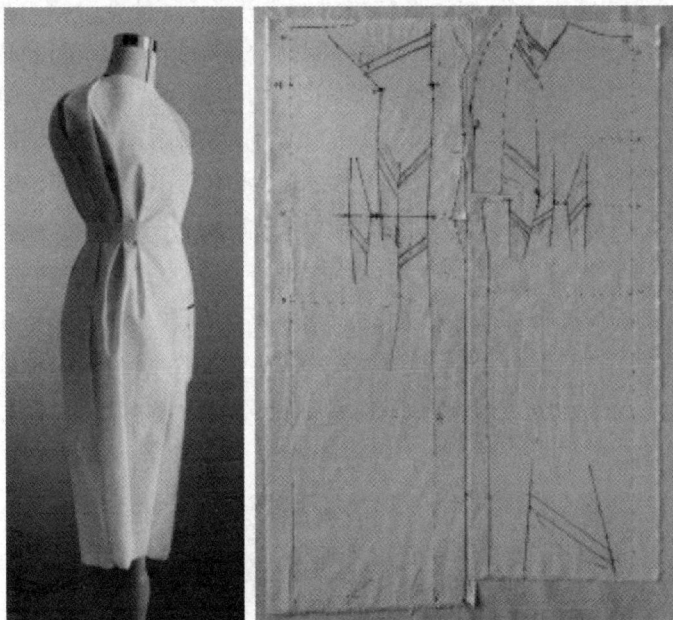

图3-4　"以省代剪"处理法的零浪费制版作品及其平面版型

在使用"以省代剪"法时，不应拘泥于常规的省道形式，应充分利用省道转移技术，将省量围绕人体凸点进行多方位转移，运用创意立体制版方法寻找合适的人体部位进行适形塑造。并且省道形式也可进行多样化处理，除"有形省"（常规的能够马上识别的省道形式）外，还可拓展"无形省"形式（非常规省，不易识别的人体差量处理方式），如褶皱、悬垂、缀缝、解构等。

（3）"以空间代剪"造型方法

空间是立体裁剪制版研究中最为重要的问题，服装与人体之间、服装各部分之间、面料与量感之间的"空间型态"关系是立体裁剪制版研究中的至深话题。

　　"以空间代剪"法,是将人体不同部位产生的面料余量转化为"空间型态",在空间转化过程中,要反复斟酌面料余量与其所处的人体部位与服装其他部分的微妙关系,也可利用省道转移技术将余量转移至人体其他部位进行空间塑造。运用创意立体裁剪制版方法在人体上不断探寻,将面料余量巧妙地塑造为优美的空间型态。

　　图 3-5 所示的作品,是一件"零浪费"礼服裙,由一整块面料制成。采用创意立体制版方法,利用人体差量所产生的面料余量,围绕胸、后背宽、胯、臀等人体支撑处,将余量拱起,反复寻找并塑造出最适合的空间形态关系。

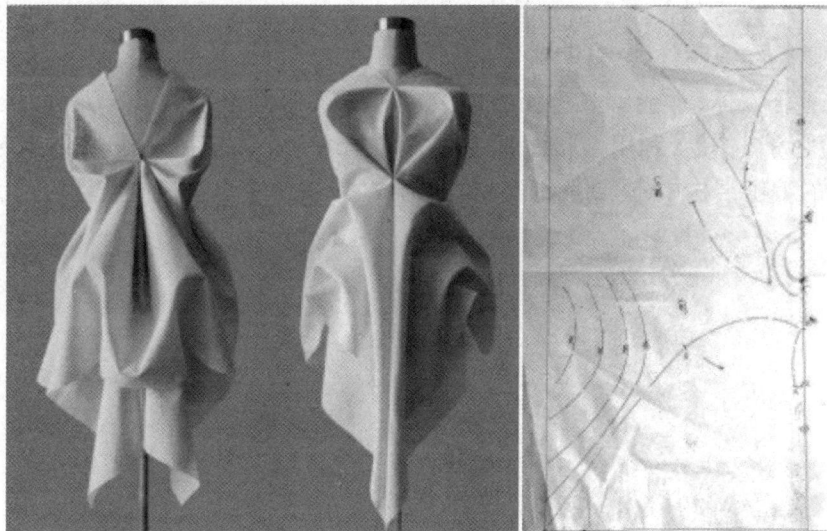

图 3-5　"以空间代剪"处理法的零浪费制版作品及其平面版型

2. 零浪费编织处理

　　零浪费编织处理法是将整块面料裁剪成 45 度斜丝条状,再根据设计款式在人体上进行编织造型。只要充分利用好所有的条状面料,便能达到面料零浪费的目的。

　　(1)零浪费编织的技术原理

　　从传统手工技艺织毛衣中不难理解零浪费编织方法的技术原理。在针织服装中,一缕纱线便能够织成一件完整的服装。纱线呈细条状,与人体接触面积小且交织紧密,可随立体的人体起伏回转,并不会像整幅的梭织面料那样，与人体接触面积较大，会因人体起伏产生面料余量。可以说针织服装能够真正实现面料零浪费的目的。

在使用梭织条状面料进行零浪费编织时，可采用传统的编织方法，如十字编织、人字编织、菱形编织等有规律的编织方法。

（2）零浪费编织的空间塑形

零浪费编织并不是简单的平面编织，在编织过程中可通过调整经纬条状面料的编织状态发挥适合人体起伏、塑造空间形态的作用。

为了更好地适应人体及空间的起伏、转折形态，整幅梭织面料应裁剪成45度斜丝条状，利用斜丝的可变性适应更多的曲度造型。在编织过程中若遇到人体凸出与收进起伏较大部位时如胸腰、腰臀等处，可相应调整经线与纬线编织物的结合状态，使其适合人体的起伏变化，发挥既适合人体，又能够收进面料的余量与省量的作用。图3-6所示为零浪费编织作品，利用条状面料的交叉结合，将胸腰之间的余量分散进区域的编织结构中，达到胸部突出、腰部收紧、面料零浪费的造型目的。

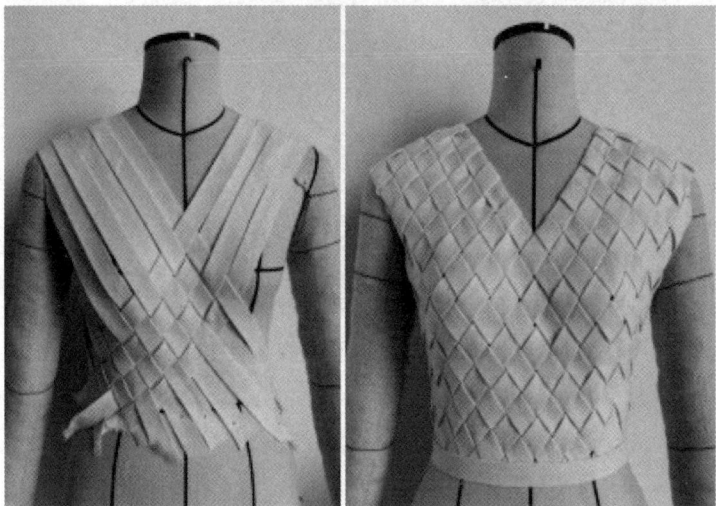

图3-6 "零浪费编织处理"的成衣作品

零浪费编织法的灵活性及可持续性，使其不只能做到适合人体收进余量，更能够根据设计需要，结合人体支撑点编织出立体起伏的空间形态，以创造出更多的造型可能。

（3）零浪费编织的装饰处理

在进行零浪费编织时，可对条状面料作装饰处理，丰富服装的层次细节,可采用交叉点变化处理法及条状面料再造处理法。

　　交叉点变化处理法,即根据零浪费编织服装的编织规律,选取编织节点处对条状面料做系缝、扭转、打褶等工艺处理,打破常规的编织规律,形成新的视觉层次,如图 3-7 所示。

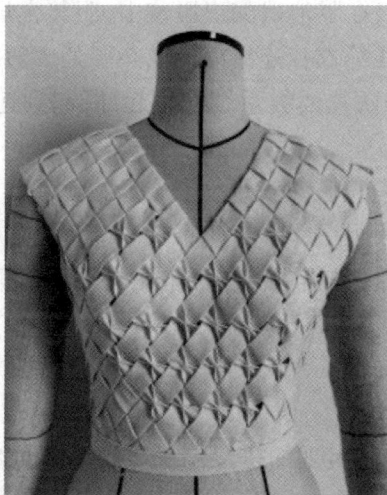

图 3-7　"零浪费编织"交叉点装饰处理方法

　　条状面料再造处理法,是将条状面料进行再创造处理,如钉缝装饰物、添加条状辅料、抽纱撕边、重叠、缠裹、混搭等更改条状面料肌理的处理手段,如图 3-8 所示。

图 3-8　"零浪费编织"条状面料再造处理装饰方法

（4）零浪费编织的连接方法

零浪费编织服装在进行衣片连接时，可使用缝纫机正常缝合，也可利用条状面料的长度优势系结连接。零浪费编织服装的基本元素是条状面料，并非整片面料，条状面料可根据人体起伏调整编织状态适应人体不产生余量。所以在零浪费编织服装中，服装常规的分割线可以部分省去，如肩线、侧缝线等衣片连接处。在必要处，两片零浪费编织面料可以延长条状面料，将两片面料系结在一起，既起到连接、穿脱作用，更具有装饰效果。

在进行零浪费编织服装设计时，也不必采用全身编织方法，可将零浪费编织与整片面料搭配设计，使服装富有变化韵律，丰富服装效果。零浪费编织与整片面料的连接处，可采用常规缝纫机缝合方法。

3. 零浪费拼接处理

零浪费制版中，已出现的拼接制版方法是将面料碎片化，拼接或镶嵌在人体上，消减整片面料在人体上塑型时必然产生的余量及面料的边角余料。碎片化的面料能够最大程度地减少面料浪费，如明代的水田衣、HOLLY MCQUILLAN 的镶嵌法零浪费制版等。本部分中的零浪费拼接处理是使用 45 度斜丝条状面料进行拼接，与前文提到的零浪费编织法用料相同。制版时将条状面料根据设计排列拼接在人体之上，条状面料之间用拼缝或其他系接方法连接（如穿环、打孔系绳等）。条状面料流线感较强，在拼接时顺应人体曲线韵律感十足。条状面料在进行拼接造型时，可采用平铺拼接或叠压拼接，如图 3-9 所示的作品。遇到人体起伏较大处，如胸部、臀部等处，可选用细条面料拼接以减少余量或在条状面料上将余量打省处理。

4. 零浪费创意立体制版的未来发展前景

零浪费创意立体制版的研究核心在于如何运用创意立裁技术在提高面料利用率的同时丰富服装款式的开发，从源头控制面料的浪费，促进我国服装产业向环保形态升级，走可持续发展之路。

零浪费创意立体制版在商业化发展中的未来前景是广阔的，零浪费创意立体制版的设计理念与当下可持续时尚背景的态度是一致的。开发适合商业化批量生产的零浪费创意立裁成衣,利用创意立裁在设计方面的偶然性、不确定性研发一衣多穿,引导消费者能够自行发展多种穿法,更进一步提高零浪费创意立裁成衣的可持续性,与可持续市场理念相结合是零浪费创意立体制版的未来发展方向。为此,应大力发展、推广零浪费创意立体制版技术,提高设计师环保意识,开发更多低碳环保纺织服饰设计新思路,推动生态经济和生态文明发展,实现人与自然环境的协调发展。

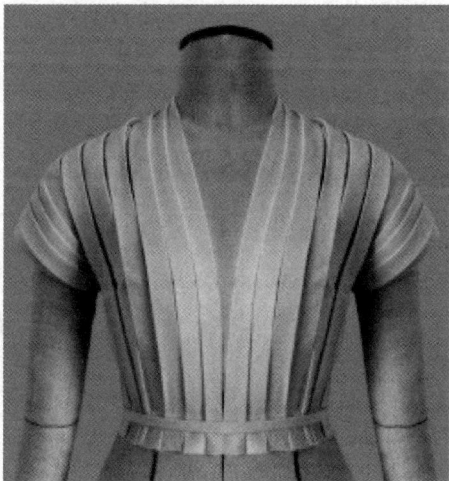

图 3-9 "零浪费拼接处理"的成衣作品

三、低碳服装设计

低碳设计是通过服装设计展现的环境保护相关理念,我们应在保护环境、节约材料的基础上设计出符合消费者审美情趣的作品。服装设计与低碳设计进行有效结合不仅时尚而且环保。基于此,接下来探讨了服装生产过程中采取的一系列低碳化的措施,旨在减少温室气体排放和资源消耗,以减少对气候变化的影响。

（一）材料选择

选择环保材料是降低碳排放的重要步骤。可优先选择可再生材料或回收材料,减少对原材料的需求。例如,使用有机棉代替传统棉花,使用再生纤维材料如再生聚酯纤维。

（二）引入自然元素

在装饰服装时，也必须坚持"低碳、环保"的原则，对服装的结构、色彩、材质等进行加工和运用，营造出时尚的视觉形象。当然，设计师在设计的时候除了选择一些可以循环使用的材料外，还可以引入一些自然元素，将树木、花草等自然元素合理融入服装设计中，使服装具有灵性和灵魂，给人一种全新的意境和艺术境界，激发消费者的购买欲望，进而实现发展低碳经济的目标。

（三）能源管理

改善能源效率是减少碳排放的关键。可在生产过程中使用高效能源设备，采用节能技术，例如使用高效照明和空调系统，优化生产线布局以减少能源浪费。

（四）生产工艺优化

通过优化生产工艺，减少废弃物和排放物的产生。例如，采用闭环生产系统，将废弃物和副产品进行循环利用，减少对环境的负担。

（五）延长服装寿命

通过设计和制造耐用、易于维修和再利用的服装，延长服装的使用寿命，减少废弃物的产生。同时，提倡服装共享和二手交易，促进服装的再利用。

这些低碳生产方法可以帮助服装行业减少对环境的负面影响，推动可持续发展，并为消费者提供更环保的选择。

第四节　智能制造与自动化在服装生产中的应用

一、现代自动化、机器人技术及其在服装制造中的应用

（一）自动化裁剪

　　自动化裁剪机器人可以接收数字化的款式图案，然后精确地裁剪出复杂的图形和结构。这比传统的人工操作更准确，更高效，并且减少了材料的浪费。

　　（1）精确裁剪：自动化裁剪机器人可以根据数字化的款式图案进行精确裁剪，确保每个裁剪件的尺寸和形状都符合要求。相比传统的手工裁剪，机器人可以提供更高的精度和一致性，减少误差和缝制问题。

　　（2）高效生产：自动化裁剪机器人能够以更快的速度进行裁剪操作，大大提高生产效率。它们可以连续工作，无需休息，从而节省时间并加快生产周期。

　　（3）减少材料浪费：机器人可以通过优化布料利用率来减少材料浪费。它们可以智能地排列和布置裁剪图案，最大限度地减少废料和剩余材料的产生，提高资源利用效率。

　　（4）降低人工成本：引入自动化裁剪机器人可以减少对人力资源的需求，降低人工成本。机器人可以代替人工进行大部分裁剪工作，减少人力投入，从而节约成本。

　　（5）灵活适应不同款式：自动化裁剪机器人可以根据不同的款式图案进行快速调整和转换。它们可以适应各种复杂的图形和结构，提供更灵活的生产能力，满足不同产品需求。

　　（6）提高工作环境安全：自动化裁剪机器人可以降低与刀具和尖锐物品相关的工伤风险。相比手工操作，机器人在裁剪过程中更加安全，有助于改善工作环境的安全性。

尽管自动化裁剪机器人具有许多优点,但引入这些技术也需要考虑一些挑战,如高昂的投资成本、技术集成和维护的复杂性以及对工人重新培训的需求。然而,随着技术的进一步发展和成本的下降,自动化裁剪机器人在纺织和制衣行业中有望得到更广泛的应用和发展。

（二）自动化缝制

智能化的缝纫机器人可以按照预先编程的指令执行精细的缝制操作。这有助于提高生产效率,降低人工成本,并保持产品的一致性和质量。

（1）提高生产效率:智能化的缝纫机器人可以以更高的速度和精度完成缝制任务,远远超过人工缝制的能力。它们不受疲劳和注意力分散的影响,可以全天候连续工作,从而显著提高生产效率。

（2）降低人工成本:引入缝纫机器人可以减少对人力资源的依赖,降低人工成本。机器人不需要薪资、福利和休假,且可以 24/7 运行,从而节约成本并提高利润。

（3）保持一致性和质量:智能缝纫机器人执行预先编程的指令,可以确保每个产品的缝制都具有高度一致性。它们的精确性和准确性可以避免人为错误和缝纫质量的不稳定性,提高产品的质量水平。

（4）增加灵活性:智能缝纫机器人可以快速适应不同的缝制任务和产品需求。它们可以轻松地切换和调整缝制模式,从而提高生产线的灵活性和响应能力。

（5）改善劳动条件:引入缝纫机器人可以减少体力劳动和重复性工作对工人的负荷。这有助于改善劳动条件,降低工伤风险,并提高工作环境的人性化程度。

（6）推动技术创新:智能缝纫机器人的发展推动了纺织和制衣行业的技术创新。通过结合人工智能、机器视觉和自动化技术,可以创造出更智能和高效的机器人系统,推动行业向更先进的方向发展。

虽然智能缝纫机器人具有许多优点,但引入这些技术也面临一些挑战,如高昂的投资成本、技术集成和维护的复杂性以及对工人重新培训的需求。然而,随着技术的进一步发展和成本的下降,智能化的缝纫机器人在纺织和制衣行业中有望得到更广泛的应用和发展。

（三）智能化仓储物流

通过自动化和机器人技术，如 AGV（自动导引车），能够提升服装生产的存储和物流效率，减少不必要的时间浪费和人力投入。

（四）机器学习与 AI

许多服装制造商正在使用机器学习和人工智能技术来优化生产过程和提高产品质量。例如，人工智能 AI 技术可以通过分析历史销售数据来预测消费者的购买行为，从而帮助品牌减少库存和避免生产过剩。

同时，自动化和机器人技术的应用也给传统的服装制造业带来了挑战，包括技术投入成本、技术人员的培训需求、产业结构的调整等。因此，服装制造业应对这些技术保持开放和接纳的态度，积极探索新的生产方式和商业模式。

二、通过智能制造降低服装生产中的资源浪费和提高生产效率

智能制造在服装生产领域的应用已经开始取得显著成果，它可以有效降低资源浪费、提高生产效率，并促进可持续时尚的实现。以下是一些智能制造如何实现这些目标的方式。

（1）数据驱动的生产优化：智能制造允许制造商实时监测生产线的性能和效率。传感器和物联网技术可以收集有关设备和工序的数据，分析这些数据有助于识别生产瓶颈，减少停机时间，并提高生产效率。

（2）自动化和机器人技术：自动化生产线和机器人可以完成重复性高、劳动密集的任务，如裁剪、缝纫和包装。这降低了人力成本，减少了错误率，并提高了生产速度。

（3）智能供应链管理：智能制造可以改善供应链的可见性和协调。通过预测需求、实时库存监控和自动订货系统，制造商可以减少库存积压、减少废料和降低库存管理成本。

（4）定制生产：智能制造使得批量生产和小批量定制变得更容易。通过数字化设计和 3D 打印技术，制造商可以根据客户的个性化需求生产服装，减少过剩库存和不必要的资源浪费。

（5）可持续材料和生产过程：智能制造有助于选择和应用可持续材料，减少对有害化学品的依赖，同时通过优化生产过程减少废水和废气排放。

（6）节能和资源管理：智能制造还可以在能源和资源管理方面发挥关键作用。自动化系统可以监控能源使用情况，并优化能源消耗，减少资源浪费。

（7）基于人工智能的设计和预测：AI 和机器学习技术可以分析大量市场数据，预测时尚趋势，从而减少过度生产和库存积压，以更好地满足市场需求。

通过智能制造的应用，服装生产可以更加高效，减少资源浪费和环境影响，同时也提高了生产的灵活性和适应性，以满足不断变化的市场需求。这将有助于推动时尚产业迈向更加可持续和环保的方向。

第四章 | 可持续时尚服装
创新设计之方法论

可持续时尚服装创新设计领域是一个独特而复杂的领域，其旨在减少时尚产业对环境的负面影响，并改善劳工条件。随着消费者对可持续性和社会责任的关注不断增加，可持续时尚服装创新设计成了一个备受关注的话题。本章就将围绕循环经济、时尚再造、模块化设计、跨界合作、艺术与科技的融合设计等方面探讨可持续时尚服装的创新路径与策略。

第一节　设计思维与可持续理念的融合

一、将设计思维与可持续理念融合

在当今世界,面对日益严峻的环境问题和资源压力,可持续发展已成为全球共同关注的议题。在这个背景下,设计思维和可持续理念的融合成为一个备受关注的话题。这种融合不仅为创新提供了新的方向,也为社会、经济和环境带来了积极的影响。

设计思维注重以人为本的解决方案。它强调了解用户需求、挖掘潜在问题和寻找创新的方法。将设计思维与可持续理念相结合,意味着将环保、社会责任等因素纳入设计过程中,从而创造出更具有共享性和可持续性的产品和解决方案。

可持续理念强调了资源的合理利用和环境的保护。通过将这种理念融入设计过程中,设计师可以从材料的选择、生产工艺到产品的使用和维护,全方位地考虑如何减少资源的消耗,降低环境的负担。例如,采用可再生材料、设计模块化结构,都是将可持续理念融入产品设计中的方式。

设计思维和可持续理念的融合促进了创新和产业升级。通过重新审视传统的生产模式和消费模式,设计师们可以发现许多潜在的创新机会,从而推动行业的发展和转型。例如,可持续时尚的兴起,通过回收利用旧衣物、采用环保材料等方式,为时尚产业注入了新的活力。

这种融合在一定程度上引导了消费者的行为。越来越多的消费者开始关注产品的环保性能和社会责任,他们更愿意选择那些符合可持续理念的产品。因此,将设计思维与可持续理念相结合,不仅可以为企业赢得消费者的信任和认可,也可以为企业带来可持续的竞争优势。

综上所述,设计思维与可持续理念的融合不仅是一种趋势,也是一种必然的发展方向。通过将创新、用户需求、资源利用和环保理念相结合,人们可以创造出更具有可持续性的产品和解决方案,为建设一个更加美好的未来作出贡献。设计师们应当以开放的心态去探索这种融合，不断寻找创新的可能性，共同为可持续发展的目标努力前行。

二、将服装的设计思维与可持续理念相融合的意义

时尚是一种生活方式，是人们追求美感和价值的表达，时尚产业是一个庞大的产业链，包括从设计、生产到销售和消费的整个过程。然而，时尚产业对环境和社会造成了巨大的影响，从原材料的开采、纺织、染色，到服装生产、运输和销售，都需要大量的能源和资源，并且产生了大量的废弃物和污染物。在这种情况下，将服装的设计思维与可持续理念相融合成为推动可持续时尚发展的有效手段，具有重要意义。

（一）减少资源消耗和环境影响

将服装的设计思维与可持续理念相融合，可以优化整个生命周期，最大程度地减少资源消耗和环境影响。设计师可以选择有机棉、麻、竹纤维、再生纤维等环保材料，以减少对有限资源的依赖；采用零浪费或零废弃的设计理念，最大程度地减少废弃物的产生；设计可拆卸、可重复利用的组件，以便于修复、更新和再利用。

（二）提高社会责任和透明度

消费者越来越关注时尚业的生产过程和供应链，他们希望了解产品的来源以及是否遵守环境和劳工标准。

通过将社会责任和透明度融入设计过程，可以确保服装生产和供应链的社会和环境影响得到控制。品牌可以通过优化供应链，保障工人权益、环保生产等措施来提高社会责任，同时通过认证、公示等机制提高透明度，向消费者传递供应链信息和产品信息。

（1）推行社会与环境审核：品牌可以与供应商建立长期合作关系，并进行定期的社会和环境审核，确保供应链符合可持续标准。

（2）透明化供应链：品牌可以公开透明化自己的供应链，向消费者展示产品的来源和制造过程。

（3）培育合作关系：时尚企业可以与非政府组织（NGO）和其他利

益相关者合作,共同推动可持续时尚的发展,跟踪和改善供应链的可持续性。

（三）满足消费者对时尚的追求

可持续时尚并不意味着风格的牺牲,相反,它可以通过创新设计、可穿戴科技、多功能服装等手段满足消费者对时尚性和功能性的需求。设计师可以与消费者共同参与设计过程,了解他们的需求和偏好,引导可持续时尚的设计和消费行为。

三、面临的挑战与解决的方法

将服装的设计思维与可持续理念相融合是一个复杂而具有挑战性的任务,它对于减少环境影响和资源浪费以及提高整个服装产业的可持续性至关重要。但是,在将服装的设计思维与可持续理念相融合的实际过程中,也会面临一系列的挑战,具体分析如下。

（一）成本问题

使用可持续材料和生产方法往往会导致成本增加,这是因为这些材料和方法往往更昂贵或更耗时间。这就造成了一个挑战,因为价格敏感的消费者可能会对价格较高的产品不感兴趣,从而导致销售下降。

然而,尽管可持续产品可能价格稍高,但它们通常会带来其他方面的好处。例如,可持续产品通常更加环保,对资源的使用更加节约,有助于减少对环境的负面影响。此外,一些消费者也更加关注产品的可持续性和社会责任,他们愿意为这些价值观付出更高的价格。

在实际市场中,企业可以采取一些策略来应对消费者价格敏感的挑战。首先,企业可以努力降低可持续产品的生产成本,通过技术创新和效率提升来实现成本的降低。其次,企业可以提供不同价格档次的产品线,以满足不同消费者的需求。此外,企业还可以通过宣传和教育,向消费者传达可持续产品的价值和好处,以提高对其的认知和认可度。

总的来说,尽管可持续材料和生产方法可能会导致较高的成本,但随着消费者对可持续性的重视不断提高,可持续产品的市场需求也在增加。企业可以寻找平衡,在保持可持续性的同时,通过不同的策略来满足不同消费者的需求。

（二）技术和供应链限制

部分可持续技术和材料可能尚未完全成熟,或供应链受限,这可能会限制可持续设计的实施。针对这些问题,可以采取以下方法。

（1）继续投资研发和创新,以改进可持续技术和材料。这需要来自政府、产业界和学术界各方的合作与支持。

（2）寻找多种可持续资源和替代材料,以减轻对某种特定技术或材料的过度依赖,有助于降低供应链风险。

（3）制定行业标准和认证,以确保可持续技术和材料的质量和可靠性,有助于增加人们对这些技术和材料的信任。

（4）政府可以通过制定政策、提供财政激励和支持研究项目来鼓励可持续技术和材料的发展和采用。

（6）向消费者和企业传达可持续技术和材料的潜力和优势,以增加它们的采用率。

（7）考虑可持续设计的长期收益。虽然一些可持续技术和材料可能会面临一些短期问题,但长远来看它们可能会更经济和环保。

总之,克服可持续技术和材料的成熟度问题以及供应链限制需要多方合作,包括政府、产业界和消费者,以促进可持续设计的实施和发展。这需要综合性的解决方案,以推动可持续性在不同领域的应用。

（三）文化和时尚趋势

时尚和文化通常受到快速变化和消费主义的影响,某些时尚趋势和文化偏好可能不符合可持续设计的原则,这可能导致短期内难以实现可持续性。

（1）快时尚文化:当今的时尚产业常常以快速生产和消费为基础,这与可持续设计的原则相违背。新的时尚趋势不断涌现,促使人们购买更多的服装和产品,而不是长期使用。

（2）广告和社交媒体影响:广告和社交媒体广泛宣传新的时尚趋

势和产品,可能导致人们更容易受到消费的诱惑,而忽视了可持续性考虑。

(3)文化偏好:某些文化和社会群体可能更注重时尚和外观,而不太重视可持续性,可能导致可持续设计在某些市场上难以获得广泛认可。

为克服这些挑战,可以采取以下措施。

(1)教育和意识提高:通过教育和宣传,提高人们对可持续设计原则的认识,以帮助他们更好地理解可持续时尚的重要性。

(2)可持续时尚推广:时尚产业可以采取措施来推广可持续时尚,例如,生产可持续产品、提供教育和认证,以及开展与可持续设计相关的倡导活动。

(3)政策支持:政府和相关机构可以实施政策和法规,以鼓励可持续时尚和产品的生产和销售。

(4)消费者选择:消费者有权选择支持可持续设计的产品。他们可以通过购买可持续产品,影响市场和行业的发展方向。

通过综合采取这些措施,时尚产业和文化偏好可以逐渐与可持续设计的原则更加协调,从而促进可持续发展。

为了实现可持续时尚的目标,设计师需要将设计思维与可持续发展的理念融合在一起。设计思维注重创新和解决问题的能力,而可持续发展则强调对环境、社会和经济的影响进行平衡考虑。通过将设计思维应用于可持续时尚的设计过程中,设计师可以寻找新的材料和生产方式,提高产品的循环性,并创造出具有艺术感和科技感的可持续时尚作品。

第二节 可持续时尚的创新路径与策略

一、服装行业的社会生产现状

服装行业在快速消费的时尚市场中,面临着库存过剩的问题。快速变化的时尚趋势导致许多品牌和零售商难以准确预测消费者需求,从而导致库存积压。这些库存不仅占用了资本,还占用了仓储空间,并可能最终导致价格剧烈下跌或库存销毁,对环境造成负面影响。

服装行业需要积极采取可持续性的措施,以解决库存压力和设计竞争力不足的问题,同时满足不断变化的市场需求。这将有助于减少对环境的负面影响,并为行业的可持续发展创造更好的前景。

二、可持续时尚服装的创新策略

可持续时尚的创新路径包括循环经济和时尚再造。循环经济强调资源的循环利用和减少浪费,设计师可以通过选择可持续材料、延长服装寿命周期和推动产品回收再利用等方式来实现循环经济。时尚再造则是将废弃的服装或面料重新设计和制作成新的时尚产品,通过重新利用资源减少环境负担。设计师可以运用创新的设计技巧和工艺,将废弃的材料转化为独特的时尚作品,实现可持续发展的目标。

（一）循环经济和闭环设计

循环经济和闭环设计是可持续时尚的重要组成部分。循环经济的理念是将资源保持在经济循环中,通过减少、重复使用和回收再利用来减少废物和对新资源的依赖。

在时尚产业中,闭环设计可以通过以下方式实现。

（1）延长产品寿命:设计师可以通过选择优质耐用的材料和经典的设计,生产出更耐久的时尚产品,延长其寿命。此外,品牌可以提供修补和维修服务,帮助消费者保持产品的良好状态。

（2）选择可回收和可再生材料:设计师可以选择易于回收和再生利用的材料,使产品在寿命结束后可以被回收再利用,降低对新资源的需求。

（3）推广二手市场和租赁服务:品牌可以建立二手市场平台或开展租赁服务,使消费者可以更轻松地购买二手时尚产品或租赁时尚物品,延长产品的使用寿命。

综上所述,这些策略可以帮助时尚品牌在实践中更加注重可持续性,减少对环境的负面影响,并满足消费者对可持续时尚的需求。通过这些努力和创新,人们可以共同推动可持续时尚的发展,为未来的时尚产业打下坚实的基础。

（二）创新再设计

1. "再设计"的概念

"再设计"的概念最早由日本设计师原研哉提出，他是著名的平面设计师、艺术家和文化评论家，以其对设计和可持续性的独特见解而闻名。原研哉的"再设计"理念强调了重新审视和重新构思设计的重要性，其目的在于对现有的或已被废弃的产品再设计、再创造赋予新的风格与生命，以更好地满足现代社会和环境的需求。

"再设计"的概念包括以下几点。

（1）设计的可持续性：原研哉强调设计师应当考虑产品的整个生命周期，包括材料选择、生产、使用和废弃阶段。他提倡设计师采用环保材料、降低资源浪费，以减少对环境的负面影响。

（2）独特性和功能性：再设计强调产品的独特性和功能性，鼓励设计师思考如何使产品更具个性、更适应不同需求，并更耐用。这有助于减少过度消费和浪费。

（3）可塑性和适应性：原研哉认为，设计应具有适应性，能够满足不断变化的社会和文化需求。这有助于延长产品寿命，减少废弃。

"再设计"的概念强调了设计在可持续性和社会责任方面的重要性，它为设计师提供了指导原则，以创造更具价值和意义的产品，同时减少资源浪费和环境负担。这一理念在可持续时尚、产品设计和其他领域中得到了广泛的应用。

2. 创新再设计对于可持续时尚的现实意义

创新再设计对于可持续时尚具有重要的现实意义。可持续时尚是一种时尚产业的发展趋势，旨在降低对环境和社会的负面影响，并促进更可持续的消费和生产模式。以下是创新再设计在可持续时尚中的现实意义。

（1）延长服装寿命：创新再设计可以通过改造和升级旧衣物，延长它们的寿命。这有助于减少废弃衣物的数量，降低垃圾填埋和焚烧的压力，从而降低环境污染。

（2）节省资源：再设计可以减少对新原材料的需求，因为它重复使用了现有的服装和面料。这有助于减少资源开采和能源消耗，有助于保护自然环境。

（3）减少排放：生产新衣服通常伴随着高碳排放，而再设计可以减少这些排放。在重新设计过程中降低能源和水的使用，可以减少环境负担。

（4）创造就业机会：再设计需要技能和劳动力，因此它有助于创造就业机会，特别是在手工艺和设计领域。

（5）提高消费者意识：创新再设计可以教育消费者关于可持续时尚的重要性，激发他们对购物和消费决策的更多考虑。这有助于推动可持续消费习惯的普及。

（6）推动时尚创新：再设计可以激发时尚创新，鼓励设计师探索新的材料和设计理念，从而推动时尚行业向更可持续的方向发展。

总之，创新再设计在可持续时尚中具有重要的现实意义，可以减少环境负担、节省资源、创造就业机会，同时提高消费者的意识和时尚创新。这有助于推动时尚产业朝着更可持续的未来发展。

第三节　循环性与模块化设计

插入循环性与模块化设计是可持续时尚的重要策略。循环性设计强调产品的可再生性和可回收性，设计师应该选择可生物降解、可回收利用或可循环利用的材料，并考虑产品在结束寿命周期后的处理方式。模块化设计是将服装设计为由多个独立组件组成的模块，这些模块可以根据需求进行组合和拆卸，从而延长服装的使用寿命和减少浪费。

一、可持续时尚服装循环性设计

循环性设计是将材料和产品视为一种制造循环，最大程度地减少资源消耗和废弃物的产生。设计师可以选择可回收、可再生和可降解的材料，设计可拆卸和可重复利用的组件，延长服装的使用寿命，从而减少资源消耗和环境影响。在产品生命周期的各个阶段都应考虑循环性设计,从材料选择到生产和废弃处理等方面。

可持续时尚服装的循环性设计是一种重要的再设计方法,旨在最大程度地延长服装的生命周期,减少浪费和资源消耗。以下是一些关于可持续时尚服装循环性设计的要点。

(1)耐用性和品质:循环性设计首要目标是创建耐用、高品质的服装,以确保服装的寿命更长。这包括选择耐磨材料、坚固的缝制和高质量的装饰。

(2)易维修性:服装设计应考虑到维修需求,如容易更换损坏的拉链、纽扣或缝补裂缝的结构。这有助于减少因小问题而废弃服装的情况。

(3)可升级性:设计服装时,考虑使服装可升级以适应不同的季节或时尚趋势,而不必购买全新的服装。这可以通过可拆卸的装饰物、可更换的袖子或领口等方式实现。

(4)易分解性:服装应设计成易于分解为其组成部分,以便在需要时可以回收或重新利用材料。

(5)可循环性:选择可循环的材料,如有机棉、再生纤维或回收材料,以减少资源的消耗。

(6)良好的生产实践:确保在生产服装时采用可持续和社会责任的生产实践,例如良好的劳工条件和最小化废弃物。

(7)售后服务:提供售后服务,如修补、改装或升级服务,以帮助顾客延长服装的使用寿命。

(8)二手市场和租赁:鼓励二手市场和服装租赁,以推动服装的再利用,减少浪费。

(9)回收和循环:建立回收计划,以将废弃的服装材料回收并重新加工成新的服装或其他产品。

可持续时尚服装的循环性设计有助于减少废弃物,降低对自然资源的需求,促进可持续消费,同时满足越来越关注环保和社会责任的消费者的需求。

可持续时尚是指在时尚产业中采用环保和社会责任的方式进行设计、生产和消费的理念。

二、可持续时尚服装模块化设计

在可持续时尚中,模块化设计是一种重要的策略,它可以促进服装的可持续性和循环经济。

模块化设计是指将服装设计分解为多个独立的模块或组件,这些模块可以独立设计、制造和组装。每个模块都具有特定的功能和风格,可以根据需要进行组合和替换,以创建不同的服装款式。以下是可持续时尚服装模块化设计的几个关键方面。

(1)延长服装寿命:通过模块化设计,服装可以更容易地进行修复和更新。如果某个模块损坏或过时,可以仅替换该模块而不需要整件服装。这样可以延长服装的使用寿命,减少废弃和浪费。

(2)多功能性:模块化设计可以使服装具有多功能性。例如,一个外套可以通过更换不同的模块,变成不同季节的适用款式,或者转变为不同场合的服装。这种灵活性可以减少购买多件服装的需求,降低资源消耗。

(3)个性化定制:模块化设计为个性化定制提供了更多可能性。消费者可以根据自己的喜好和需求选择不同的模块组合,定制出独一无二的服装款式。这种定制化生产模式可以减少大规模生产和库存积压,降低过度消费的问题。

(4)材料优化:模块化设计可以促进材料的优化利用。通过设计模块化的服装,可以更好地控制材料的使用量,减少浪费。此外,模块化设计还可以鼓励使用可持续和环保的材料,如有机棉、再生纤维和可降解材料。

(5)回收和再利用:模块化设计使服装更容易进行拆解和分解,方便回收和再利用。当服装不再使用时,可以将各个模块分开处理,进行材料回收和再加工。这有助于实现循环经济的目标,减少对新鲜材料的需求。

通过模块化设计,可持续时尚可以实现更高的资源利用率、减少废弃物和延长服装寿命。这种设计方法不仅有助于减少环境影响,还可以提供更多的选择和个性化定制,满足消费者对时尚的需求。因此,可持续时尚服装模块化设计是推动时尚产业向更可持续方向发展的重要策略之一。

第四节　跨界合作与共创设计

一、可持续时尚服装跨界合作的背景与动机

随着可持续发展理念的逐渐普及,时尚产业也在积极寻求符合环保、社会责任的解决方案。跨界合作成了推动可持续时尚的重要手段之一,通过不同领域的专业人士和品牌之间的合作,共同探索创新的设计理念与材料,为时尚产业的发展注入新的活力。

在当今社会,可持续时尚正成为消费者关注的热门话题。越来越多的人不仅仅追求时尚的外观,更关注时尚产业对环境和社会的影响。为了应对这一挑战,时尚品牌和设计师开始寻找创新的方式来推动可持续时尚的发展。其中,跨界合作与共创设计成了重要的创新路径。

(一)跨界合作的背景

可持续时尚的实践需要多个行业的共同努力,而不仅仅是时尚业内部的努力。文化、科技、设计等各个领域都可以为可持续时尚的创新提供有益的资源和观点。跨界合作不仅可以扩大时尚品牌的影响力,还可以为其他行业带来新的商机和增值机会。

(二)跨界合作的动机

跨界合作是为了将不同行业的专业知识和资源整合在一起,共同解决可持续时尚发展中的挑战。合作可以促进知识和技术的交流,为可持续时尚的创新提供更广泛的视角。同时,合作还可以减少资源浪费和环境污染,实现共同的可持续目标。

二、可持续时尚服装跨界合作的优势和挑战

（一）可持续时尚服装跨界合作的优势

（1）资源整合：不同行业的合作伙伴可以共享彼此的专业知识和资源，提高创新效率。

（2）创新的视角：跨界合作可以将不同行业的观点和经验融合在一起，推动可持续时尚的创新。

（3）商业机会：合作可以为品牌带来新的商业机会和市场拓展，创造更大的商业价值。

（二）可持续时尚服装跨界合作的挑战

（1）文化差异：不同行业之间存在文化差异，可能会对合作的顺利进行产生影响。

（2）沟通与合作：合作需要有效的沟通和协调，以确保共同目标的实现。

（3）知识共享：合作伙伴需要建立共享知识的机制，以实现合作的持续发展。

三、基于跨界借鉴的时尚服装设计思路

跨界是指两个不同领域之间的相互渗透和融合。跨界借鉴是指跨越不同领域的界限，通过借鉴对方的设计理念、元素构成等来拓展自己的体系。随着线上销售等新营销模式的发展，消费者对服装、家纺的需求更加多元化，这些新的变化导致纺织设计需要加快创新，这就需要多个领域的技术支持。协同创新是必然趋势。根据这样的大趋势，时尚服装设计的创新理念也应该转变，打破领域界限，推动开放式创新，利用产品概念设计、产品平台设计、产品可识别设计等各个相关领域的设计思想和方法，更好地推动纺织品设计创新和发展。

（一）借鉴时装秀及汽车设计的概念化表达

服装设计与时尚密不可分。因此，服装设计创新必须关注流行趋势，充分呈现服装产品的设计创意、技术创新、功能特性等卖点。概念化产品设计和表达可以应用于此。

正如汽车行业的设计趋势主要体现在"概念车"上一样，服装设计也应体现时尚潮流、先进技术等创新价值。特别是新产品的设计必须充分体现这种创新或趋势。因此，新设计生产的服装往往不是直接用于批量生产，而是向用户或市场表达其创新价值，就像时装秀往往不适合大众一样。如果要批量生产此类服装，必须根据市场可接受的价格范围和现有的技术可能性重新调整设计，以保证正常的生产效率。这一点在近几年国内面料设计大赛的获奖产品中有明显体现。有许多设计师不遗余力地追求极致效果的服装纺织面料，这些作品的设计要么力求最高品质，要么风格激进、夸张，这些常常被用作概念表达的设计方式。

（二）借鉴汽车制造领域的纺织品平台化设计

在汽车行业，广泛采用平台化的产品开发和设计方法，以降低设计和开发成本，保持家族设计风格的统一性。纺织设计领域也存在设计开发成本高、设计资源投入频繁、设计开发周期长等问题。在此背景下，设计者也可以借鉴平台化的设计思路。在产品设计过程中，通过公司技术资源模块化和产品平台化设计，可以低成本地设计和打造产品。

公司技术资源模块化，就是将纺织相关技术资源或成果分解整合为技术模块，特别是公司控制的相关技术资源，包括新材料、新技术、新工艺和独特技术成果等，并将这些技术模块以"货架式"存储和管理。产品设计平台可以根据客户群体的需求特征或目标市场定位来确定和创建产品平台，作为一个系列产品开发的框架。在产品设计过程中，可以根据目标市场定位或用户需求，将各种技术模块组合应用到合适的产品设计平台上，设计出系列产品。

（三）从市场竞争策略角度考量纺织品可识别设计

纺织品的识别设计一般可以认为是特定纺织产品设计与视觉识别

设计的结合。它将与纺织品实体设计有关的设计与公司的形象识别系统结合、融合起来,将具体的产品设计与公司的通用表达系统联系起来,传达给顾客和消费者,使他们最终对公司的产品及公司形象产生认同。从国内纺织市场整体竞争情况来看,产品结构同质化问题依然严重。同质化的产品设计导致低价竞争。没有创新的产品设计策略,就只能争夺有限的订单,赚取薄利。价格是购买决策的关键因素。即使企业通过降价创造更多的市场消费空间,利润也有限,而具有辨识度的设计可以为提高现有纺织品的市场竞争力提供机会。

尽管英特尔早期处于技术前沿,但因为处理器是作为配件内置于电脑中的,消费者不是直接购买它,所以无法使其产品在竞争中脱颖而出,从而难以进一步增加其市场份额。为此,他们发起了"内置英特尔"识别行动,设计了产品标签并将其放置在机箱外部的显著位置,通过可识别的设计使产品形象被更多人知道。

国内一些纺织企业在企业规模、产品质量和技术水平等方面具有显著优势。然而,由于一些纺织品不是终端消费品,尤其是纱线等,大多数消费者对此类产品并没有充分的了解,企业也无法更充分地突出其性能和优势。许多纺织企业虽然品质优良、技术先进,但在市场拓展上却面临重重困难。对此,英特尔可辨识的设计思路可以作为参考。可识别的产品设计可以缩短与消费者的距离,从而可以增加销量、增加市场份额并产生效益。

四、时尚可持续服装的共创设计

(一)共创设计

共创设计是指不同利益相关方共同参与设计过程,通过协作和合作,共同创造出创新的解决方案。在时尚可持续性领域,共创设计可以促进可持续时尚的发展和实践。以下是关于共创设计的一些关键点。

(1)多方参与:共创设计要求不同的利益相关方参与其中,包括设计师、品牌、消费者、供应商等。每个参与方都能够贡献自己的专业知识和经验,共同推动设计的创新和发展。

(2)开放性和包容性:共创设计强调开放和包容的氛围,鼓励参与者分享想法、观点和建议。这种开放性和包容性有助于激发创意和促进合作,从而达到更好的设计结果。

(3)双向沟通和互动:共创设计强调参与者之间的双向沟通和互动。设计师需要倾听消费者的需求和意见,消费者也需要理解设计师的创作理念和技术限制。良好的沟通和互动,可以实现设计与需求的有效匹配。

(4)敏捷迭代和反馈循环:共创设计注重敏捷迭代和反馈循环。设计方案可以通过快速原型制作和用户反馈进行不断优化和改进。这种迭代和反馈循环有助于确保设计方案符合用户需求。

(5)创新和可持续性融合:共创设计鼓励创新和可持续性的融合。不同领域的专业知识和经验的交叉融合,可以创造出更具创新性和可持续性的设计解决方案。

(二)关于时尚可持续服装的共创设计

时尚可持续服装的共创设计是指各个领域的合作伙伴共同参与设计、生产和推广可持续时尚服装的过程。这种合作模式旨在整合不同专业领域的知识和资源,以创造出更具创新性和可持续性的服装产品。

时尚可持续服装的共创设计强调在服装制作中选择可持续的材料和创新的材料技术。参与者可以共同研究和开发环保材料、再生纤维、有机纺织品等,以减少对环境的影响。此外,还可以将设计与功能融合在一起,以创造出更具实用性和可持续性的服装。例如,设计师可以将可再生能源技术、智能材料等应用于服装设计中,实现能源收集、温度调节、污染监测等功能。

共创设计关注生产和供应链的可持续性优化。参与者可以共同研究和改进生产工艺、减少能源消耗和废弃物产生、优化物流和运输方式等,以降低碳排放和资源消耗。

共创设计鼓励消费者的教育和参与。通过提供关于可持续时尚的信息和教育,消费者可以更加了解可持续时尚的重要性,并在购买决策中考虑可持续性因素。

共创设计可以利用创新技术和数字化应用,如虚拟现实、3D 打印、物联网等,来推动可持续时尚的创新和生产方式的改进。

五、可持续时尚服装跨界合作与共创设计的案例分析

可持续时尚服装跨界合作与共创设计是推动时尚产业向更加环保、可持续的方向发展的重要途径。不同领域的专业人士和品牌之间的合作,可以共同探索新型材料、创新设计理念,为行业的可持续发展注入新的动力。下面列举一些成功的案例来说明这种合作模式的重要性和效果,希望能够为推动可持续时尚的发展提供启示。

案例一:H&M 与可持续纤维品牌 Reformation 的合作。

H&M 是全球最大的快速时尚品牌之一,Reformation 则是一家以可持续发展为核心的品牌。二者合作,共同推出可持续时尚的限量系列。H&M 提供了全球销售渠道和供应链管理经验,而 Reformation 则为该合作系列提供了可持续纤维材料和独特的设计风格。这种合作既提高了H&M 的可持续性形象,又让 Reformation 的可持续理念获得了更广泛的认可。

案例二:Stella McCartney 与 Adidas 的合作。

Stella McCartney 是一位著名的时尚设计师,她与运动品牌 Adidas 合作,推出了一系列以可持续发展为理念的运动服饰。Stella McCartney 的设计风格与 Adidas 的运动科技完美结合,使得运动服饰既具有时尚性,又具备高性能和可持续性。这种跨界合作不仅为 Adidas 带来了创新的设计理念,也提高了 Stella McCartney 品牌在运动领域的影响力。

案例三:Adidas 与 Parley for the Oceans 的合作。

Adidas 与 Parley for the Oceans 合作推出了一系列以海洋废塑料为原料的运动鞋和运动服装,旨在提高人们对海洋环保问题的认识。通过共同努力,双方成功将废弃的塑料垃圾转化为高性能的运动装备,为可持续时尚的发展树立了榜样。

案例四:Patagonia 与环保组织 The Conservation Alliance 的合作。

Patagonia 是一家以户外装备和服装为主的品牌,注重可持续发展和环保。与 The Conservation Alliance 合作,旨在保护美国的野生地区。Patagonia 通过销售特定产品,将部分收入捐赠给 The Conservation Alliance,用于保护野生环境。这种合作不仅为 Patagonia 增加了社会责任感,也提高了品牌的公众形象。

案例五:Stella McCartney 与 Parley for the Oceans 的合作。

Stella McCartney 是一位备受瞩目的环保时尚设计师,她与环保组织 Parley for the Oceans 展开了深度合作。双方共同致力于解决海洋污染问题,将废弃塑料回收并应用于服装设计中。他们联手推出了一系列由海洋垃圾制成的时尚单品,如鞋子、包袋等,通过创新的设计理念,向全球传递了环保、可持续的时尚理念。

为了推动可持续时尚的发展,跨界合作和共创设计已然成为一种重要的方法。设计师可以与科技公司、材料供应商、社会企业等合作,共同探索创新的材料和技术,以及实施可持续时尚的方案。通过跨界合作,设计师可以获取更多的资源和专业知识,并开展共同创作,实现可持续时尚的目标。

可持续时尚服装跨界合作与共创设计是推动可持续时尚发展的重要路径和策略。通过跨界合作,时尚品牌可以整合不同行业的资源和知识,推动可持续时尚的创新和发展。然而,合作也面临着一些挑战,如文化差异和知识共享等。为了成功地实现合作,品牌需要建立有效的沟通渠道和合作机制。通过不断的实践和创新,可持续时尚服装跨界合作有望为时尚产业的可持续发展做出更加积极的贡献。

第五节　艺术与科技的融合设计

在当今科技迅速发展的时代,艺术与科技之间的融合成为了一种趋势。服装设计作为一种艺术形式,也开始不断探索和利用科技,将其应用于设计中,实现创意的无限可能性。在这一背景下,艺术与科技的融合设计成了可持续时尚领域的一种创新方法。本节就将探讨艺术与科技在可持续时尚服装设计中的应用,以及这种融合设计的优势和挑战。

一、科技为时尚界带来的变革与影响

(一)科技为时尚界带来的变革

科技的发展为时尚界带来了前所未有的变革。先进的材料和制作技术使得传统的服装设计得以超越常规的限制。例如,3D打印技术可以打造出独特且复杂的纹理和结构,为服装增添时尚感和未来感;智能纺织品则能够提供温度调节、湿度感知、运动监测等功能,为服装注入更多实用性和舒适性。科技的应用为服装设计师们提供了更多创作的可能性,使得他们能够创造出独特且功能性强的作品。

(二)科技对时尚产业的影响

科技的融入不仅仅改变了服装设计的创作过程,也对时尚产业产生了深远的影响。互联网和社交媒体的兴起使得时尚信息传播更加迅速和广泛,消费者的需求也更加多样化。科技的应用帮助企业更好地了解消费者需求,提供定制化的产品和服务。同时,可持续发展也成为时尚产业的重要议题,科技的进步为环保材料和可持续生产提供了解决方案,促进了时尚产业的可持续发展。

二、服装设计中科技和艺术相互依赖

科技和艺术在服装设计中的相互依赖表现在多个方面。

(1)创新材料:科技可以帮助人们开发新的材料,如生物降解材料、智能纺织品(如可以改变颜色或温度的衣物),这些都为艺术家提供了新的创作媒介。

(2)制造过程:科技可以改进服装的制造过程,使其更加环保和高效。例如,3D打印和激光切割技术可以减少材料浪费,而自动化和机器人技术可以提高生产效率。

(3)设计工具:科技提供了新的设计工具,如计算机辅助设计(CAD)软件、虚拟现实(VR)和增强现实(AR)技术,这些工具可以帮助设计师更好地实现和展示他们的创意。

(4)可持续性:借助科技可以实现更可持续的设计。例如,通过使用可回收或可生物降解的材料,或通过优化生产过程以减少能源消耗和碳排放。

(5)艺术表达:科技也可以成为艺术表达的一种方式。例如,一些设计师使用LED灯或电子墨水在他们的设计中创造动态的视觉效果。

总的来说,科技和艺术在服装设计中的相互依赖,不仅推动了设计的创新,也使得设计更具可持续性和实用性。

三、艺术与科技融合的优势

艺术与科技的融合设计是现代时尚服装设计中一个趋势。这种设计方法在可持续时尚服装创新设计中具有许多优势,具体包括以下几点。

(1)提高可持续性:艺术与科技的融合设计可以帮助设计师在创作时选择更为环保的材料和生产方式。例如,通过使用可持续材料或采用无废弃的制造工艺来减少环境污染和浪费,使服装设计更具可持续性。

(2)创造更加个性化的设计:运用科技手段可以让设计师更容易地创造出更加个性化的服装设计。例如,通过混合 3D 打印技术和传统的手工艺,设计师可以制作出完全定制的服装,甚至可以根据客户的身体数据来精准打造服装,提升服装的舒适度和穿着体验。

(3)提升艺术价值:艺术与科技的融合设计使得服装设计作品更具有艺术性。例如,通过 LED 灯光技术和虚拟现实技术的应用,设计师可以在服装上打造出美轮美奂的图案、立体效果和流光溢彩的效果,从而提升服装作品的艺术价值。

(4)增加实用性:艺术与科技的融合设计还可以增加服装设计的实用性。例如,通过在服装上添加传感器、LED 灯光或可调节的加热装置等科技元素,设计师可以让服装具有更加实用的功能性,满足人们日常生活的需求。

综上所述,可持续时尚服装创新设计中采用艺术与科技的融合设计方法具有多重优势,可以帮助设计师创造出更具有艺术性和实用性的时尚服装设计,同时还能更好地提高可持续性,实现可持续发展的目标。

四、艺术与科技融合的方式

可持续时尚服装创新设计要求设计师在设计和生产过程中考虑环境、社会和经济的影响。将时尚服装的设计思维与可持续理念相融合成为推动可持续时尚发展的重要手段,它通过将艺术和美学元素与科学、工程和技术相融合,创造出独特的、具有创新性和表现力的设计作品。

在服装设计中,艺术与科技的相融合可以通过以下方法实现。

(1)虚拟现实技术。利用虚拟现实技术可以创建虚拟场景进行服装试穿和展示,使消费者更直观地感受到设计的艺术感和流行趋势。

　　虚拟现实技术在服装行业的应用已经带来了许多创新和改变。以下是虚拟现实技术在服装行业中的一些主要应用。

　　虚拟试衣:虚拟现实技术可以让消费者在不亲自试穿的情况下,通过虚拟现实眼镜或者应用程序体验试穿衣服的感觉。这种技术可以为线上购物提供更加直观和个性化的体验,帮助消费者更好地理解服装的尺码和款式效果,从而提高购买的准确性和满意度。

　　虚拟设计和展示:设计师可以利用虚拟现实技术在虚拟环境中进行服装设计和展示。这种技术可以让设计师更好地理解服装在真实环境中的效果,并以更直观的方式呈现设计概念,提高设计效率和创造力。

　　定制服装设计:虚拟现实技术可以与3D扫描相结合,为消费者提供个性化的服装定制体验。消费者可以使用虚拟现实技术参与设计过程,例如调整服装的样式、面料和颜色,以满足个人需求,从而创造出独一无二的服装。

　　生产流程优化:虚拟现实技术可以帮助制造商进行生产流程的优化和训练。通过虚拟现实仿真,制造商可以模拟生产环境、流程和工序,以便在实际生产之前进行测试和改进,从而提高生产效率和产品质量。

　　营销和展示:虚拟现实技术可以用于展示服装品牌的宣传和营销活动。通过虚拟现实眼镜或者应用程序,消费者可以体验虚拟现实展示,例如参加虚拟时装秀或者虚拟品牌体验店,以建立更加身临其境的品牌形象和用户互动。

　　虚拟现实技术为服装行业带来了更加直观、创新和个性化的体验和解决方案,可以帮助提高消费者满意度、提升设计效率,同时也有助于优化生产流程和品牌营销。随着技术的不断发展和普及,虚拟现实技术将继续在服装行业中发挥重要作用。

　　(2)增强现实技术。通过增强现实技术,可以将数字图案、动画效果等投影到实际的服装上,为服装增添更多的艺术元素和创意。

　　增强现实技术在服装行业中有许多创新的应用,可以改变购物体验、定制流程和品牌营销。以下是增强现实技术在服装行业中的一些主要应用方面。

　　虚拟试衣:增强现实技术可以让消费者通过智能手机应用或AR眼镜在虚拟环境中试穿服装。通过使用AR技术,消费者可以在家中通过手机或平板电脑实时查看穿上不同款式和颜色的服装的效果,从而更直观地了解服装的尺码和搭配效果,提高线上购物的准确性和乐趣。

个性化定制体验:利用增强现实技术,消费者可以参与更加个性化的服装设计和定制流程。他们可以通过 AR 应用程序在线上选择不同的面料、颜色和设计元素,以及实时预览定制服装的效果,从而增加了用户参与感和满意度。

虚拟品牌体验店:服装品牌可以利用增强现实技术创造虚拟店铺或者品牌展示空间。消费者可以通过 AR 应用程序探索虚拟店内,查看服装系列、模特走秀,甚至与虚拟形象互动,这种互动性的体验可以增加消费者对品牌的认知和忠诚度。

艺术和创意展示:利用 AR 技术,服装设计师和品牌可以创造出独特的艺术和创意展示。他们可以结合 AR 技术和现实场景,呈现出奇特的时装秀、视觉效果或者与特定艺术家合作的虚拟展览,吸引更多的关注和品牌影响力。

指导和教育:制造商可以使用 AR 技术来进行员工培训和生产流程指导。通过虚拟仿真、培训和教育,制造商可以提高生产流程的效率和质量,并帮助员工更好地理解复杂的制造流程。

增强现实技术为服装行业带来了更加直观、个性化和互动的消费体验,同时也展现了品牌的创新力和数字化进步。随着 AR 技术的不断进步,它将继续在服装行业中发挥重要作用,为品牌和消费者带来更多的前沿体验和价值。

(3)3D 打印技术。利用 3D 打印技术可以实现复杂纹理和结构的设计,为服装增添独特的艺术感和立体感。

(4)智能纺织品。应用智能纺织品技术,可以将传感器、发光元件等嵌入到服装中,赋予其功能性。例如,温度调节、湿度感知、运动监测等功能,使服装具备科技感和实用性。

(5)可穿戴技术。结合可穿戴技术,将电子元件、灯光装置等嵌入到服装中,创造出具有互动性和科幻感的艺术作品。

(6)数字化设计工具。利用数字化设计工具,如计算机辅助设计软件和模拟试衣系统等,可以提高设计师的创作效率和精确度,实现更精细和独特的艺术设计。

(7)艺术与手工艺结合。将传统的手工艺与艺术元素结合,如刺绣、织布、手染等工艺技法,赋予服装独特的手工艺美感。

艺术与手工艺的结合在服装行业中具有许多创新和独特的应用。这种结合不仅为服装设计带来了更多的创意可能性，同时也体现了对传统工艺的尊重和重视。以下是艺术与手工艺结合在服装行业中的一些主要应用方面。

创意设计：艺术和手工艺的结合为服装设计带来了更多的创意和表现力。设计师可以通过手工艺技术将绘画、雕塑、刺绣、编织等艺术形式融入到服装设计中，创造出独特且艺术感强的作品。

个性化定制：结合艺术和手工艺的服装制作通常更注重个性化定制。在定制服装方面，手工艺技术可以被用来创作符合特定顾客需求的独特设计，这种个性化定制可以提高服装的独特性，并满足消费者对独特和个性化款式的需求。

传统工艺保护：结合艺术和手工艺的服装设计和制作有助于传统工艺的保护和传承。通过将传统的手工艺技术融入到现代服装设计中，可以帮助传统手工艺得到传承和发展，提升手工艺师的技艺和地位。

永续发展：在手工艺和艺术结合的服装制作中，通常更加关注可持续发展和环保。这种服装制作方式通常会更加注重使用可持续材料、减少浪费，并且可以在某种程度上减少对环境的影响。

文化表达：艺术和手工艺的结合可以帮助服装品牌表达特定的文化、历史或价值观。例如，将特定地域的传统手工艺融入到服装设计中，可以展现这些文化元素，并传递相关的文化价值。

艺术表现：艺术与手工艺结合的服装常常是独特的艺术品，可以在时装周等专业展览中展示其独特的艺术魅力，帮助设计师和制造商树立特色和品牌形象。

综合来看，艺术与手工艺的结合使服装设计更具有个性和艺术感，同时也有助于传统工艺的传承和发展。这种结合不仅为服装行业带来了更多的创新和设计可能性，同时也使得服装制作更加注重文化、环保和可持续性的发展。

（8）环保材料与可持续制作技术。选择环保材料和利用可持续制作技术，如可生物降解材料、可循环利用的面料等，将环保理念融入服装设计中。

通过上述方法，艺术与科技的相融合可以为服装设计带来更多的创新和可能性，创造出既具有艺术性又具有实用性和功能性的时尚作品。同时，艺术与科技的融合也能够满足消费者对个性化和创新的需求，推动时尚产业向更高层次发展。

五、艺术与科技融合带来的创新设计

艺术与科技的融合为服装设计带来了更多创新的设计理念。通过将传统手工艺与数字化设计相结合，设计师能够创造出独特的图案和剪裁，从而实现个性化的服装设计。虚拟现实技术和增强现实技术也给服装设计师们带来了新的设计方式和展示形式，他们可以通过虚拟场景进行试穿和展示，让消费者更直观地感受到设计的魅力。

艺术与科技的融合设计为可持续时尚带来了更多创新的可能性。通过将艺术元素与科技应用相结合，设计师可以创造出独特且具有功能性的时尚作品。例如，智能纺织品、可穿戴技术和虚拟现实等技术的应用，使得时尚设计不仅具有美感，还具备实用性和与科技互动的体验。艺术与科技的融合设计不仅提升了产品的价值，也为可持续时尚的创新提供新的方向。

艺术与科技的融合为服装设计带来了创新和变革，使得设计师得以突破传统的限制，创造出更具艺术感和科技感的作品。科技的融入也影响着时尚产业的发展方向，使其更加注重个性化、定制化和可持续发展。未来，艺术与科技的融合将继续推动服装设计的发展，为人们带来更多惊喜和可能性。

总之，可持续时尚服装的创新设计需要设计思维与可持续发展的理念相融合，通过循环经济和时尚再造的路径实现可持续时尚的目标。循环性和模块化设计也是重要的策略，而跨界合作和共创设计则推动着可持续时尚的发展。艺术与科技的融合设计为时尚界带来了更多创新的可能性，让人们能够创造出既具有艺术性又具有可持续性的时尚作品。只有不断探索和创新，才能推动可持续时尚发展的进程，为人类的地球和时尚产业带来更美好的未来。

第五章 | 消费者心理与时尚决策

环境意识是本章研究的重要出发点,它对于培养消费者的可持续时尚消费行为、绿色消费习惯、可持续时尚决策都起着非常重要的作用,对于我国的可持续发展计划以及服装产业的绿色转型也至关重要。因此,本章从环境意识的形成与消费者的分析出发,逐步展开对可持续时尚消费行为、绿色消费习惯、可持续时尚决策的分析。

第一节　环境意识的形成与消费者需求分析

一、环境意识

（一）环境意识的定义

1960 年以后，西方国家由于工业高速发展而导致的环境问题日益严重，于是学者们开始关注资源与环境问题，由此提出了环境素养的概念。他们认为，资源与环境问题之所以出现，是因为人们缺乏对环境的认识（即所谓的环境盲），于是提出了与之（环境盲）对应的概念。虽然环境素养一词与所要研究的环境意识在用词上有所区别，但是在西方语言中，这两个词语的含义却极为相近。

至于我国对环境意识的研究，时间还要更短一些，大约只有二十多年的时间。同时又由于研究学者所涉及的学科背景广泛，因此就使得环境意识的定义未能统一。以下是对不同领域学者提出的"环境意识"的定义的整理与分类。

从图 5-1 中可以看出，环境意识是一个涵盖范围十分广泛的概念，而且它还与时俱进，随着社会的不断发展而有新的演变。由于仅能对其作一些初步的分析，因此无法具体定义。当然，在研究中可以发现，虽然不同领域对环境意识的定义有所不同，但它们之中也存在着一些内在的联系，即环境意识是指人们对环境问题的认识和关注程度，它是随着人类社会的发展而逐渐形成的。具体到服装研究领域，就是消费者对服装设计与制作中的环境问题以及与环境有关的理性与感性认知的综合。在现代社会，由于环境问题的严重性和紧迫性，环境意识已经成为一个全球性的趋势，得到了越来越多人的关注和重视。

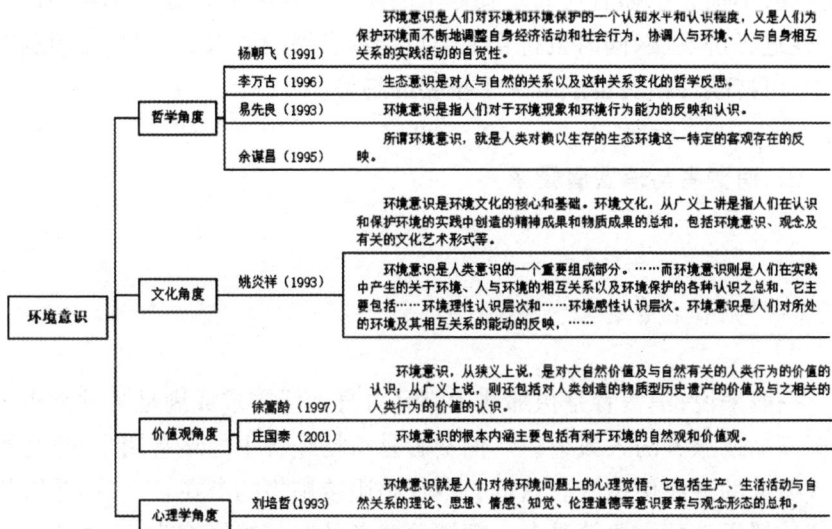

图 5-1 我国学术界关于环境意识的定义 ①

（二）环境意识对消费行为的影响研究

第一，更加注重产品的环保性能。随着环保意识的增强，越来越多的消费者开始关注产品的环保性能，尤其是一些高档消费品。例如，越来越多的人开始选择使用环保袋、环保杯等环保产品，而不是传统的一次性用品。

第二，更加倾向于绿色消费。绿色消费是指消费者在购买商品或服务时，尽量选择符合环保要求、对健康无害的产品。这种消费方式不仅能够保护环境，还能够提高消费者的健康水平。因此，在消费市场中，绿色消费已经成为趋势。

第三，更加注重低碳生活。低碳生活是指通过减少碳排放来降低对环境的影响，包括节约能源、减少交通污染等方面。在这种生活方式的影响下，越来越多的消费者开始关注自己的碳排放量，并采取相应的措施来降低自己的碳足迹。

第四，更加注重可持续性消费。可持续性消费是指以满足当前需求

① 谢静静.基于环境意识的童装可持续消费行为研究[D].上海：东华大学，2022.

为前提,不损害子孙后代满足其需求的能力。这种消费方式能够保护环境、促进经济发展,同时也符合人类可持续发展的要求。因此,在消费市场中,可持续性消费也成了一个重要的趋势。

二、消费者与消费者需求

(一)消费者的定义

一般来说,消费者是指那些为满足自身生活需求或满足某种欲望而购买商品或服务的人或组织。消费者是市场经济中的终端用户,也是商品或服务的最终使用者。这群人不仅是服装销售的潜在客户,还是服装销售传播活动的主要接受者。理解消费者是服装销售策略、市场活动和传播策略的核心。

消费者在购买商品或服务时,通常会考虑多个因素,如价格、品质、品牌、口碑、售后服务等。因此,消费者需求分析是市场营销中非常重要的一环,它可以帮助企业更好地了解消费者的需求和偏好,从而制定更有效的营销策略。

在现代社会,随着消费水平的提高和消费观念的变化,消费者对商品和服务的要求也在不断提高。因此,企业要想在市场竞争中获得优势,就必须关注消费者的需求,提供符合消费者期望的商品和服务。

(二)消费者分类

消费者分类对于服装销售与经营管理的传播策略、市场营销和定位具有至关重要的作用。对消费者进行合理的分类可以帮助企业更精确地了解各个消费者群体的需求、偏好和行为,从而制定更有效的策略。

1. 根据消费行为的分类

(1)忠诚型消费者。这类消费者会对某一服装品牌具有高度的忠诚度,他们会经常购买品牌的服装,并对品牌的变动高度敏感。

(2)比较型消费者。这类消费者在购买之前会进行大量的比较,他们可能会考虑多个品牌，并基于价格、质量、服务等因素进行选择。

（3）冲动型消费者。这类消费者的购买决策受到即时刺激的影响，如广告、促销活动等。例如，双十一购物节期间，许多消费者可能会被大幅度的折扣和限时促销活动所吸引，从而进行冲动购买。

（4）需要型消费者。需要型消费者的购买行为基于特定的需求，而不是品牌忠诚度或冲动。

2. 根据收入群体的分类

（1）高收入群体。高收入群体通常拥有超过平均水平的财富，他们有更大的购买力，更可能购买高端、奢侈品或非常规的消费品。随着中国经济的持续增长，中产阶级的崛起导致了奢侈品市场的迅速扩张。对于高收入群体，购买决策往往超越了基本的需求，转向了满足他们的情感需求，如身份、地位和独特性。

（2）中等收入群体。中等收入群体的经济实力介于高收入群体和低收入群体之间。他们在购买时，除了价格，更注重产品的性价比、质量和耐用性。中等收入消费者希望获得物有所值。他们可能不会选择最便宜的产品，也不会选择最昂贵的产品，但他们会选择他们认为提供了最佳性价比的产品。

（3）低收入群体。低收入群体购买力通常有限，他们在购买决策中可能更加注重价格因素，并在可能的情况下寻求最佳的交易。拼多多是一个基于团购模式的电商平台，在中国市场中迅速崛起，部分原因是它为低收入消费者提供了高度优惠的商品。对于低收入消费者，价格是一个非常关键的考虑因素。但这并不意味着他们愿意为了低价而牺牲质量。这类消费者可能更容易受到促销、折扣或其他形式的价格激励的吸引。

3. 根据生活方式的分类

（1）传统型消费者。传统型的消费者倾向于坚持已有的选择，不易受到新趋势的影响。他们通常偏好那些经过时间考验、历久弥新的产品或服务。对于传统型消费者来说，他们购买决策的核心是对品牌的信赖和产品的经久耐用性。这类消费者可能对广告和市场营销策略相对不那么敏感,但对于产品的口碑和推荐非常重视。

（2）现代型消费者。现代型的消费者热衷于追求当下的流行趋势,他们渴望获得最新、最时尚、最具创新性的产品或服务。现代型消费者追求的是与众不同、展现自我的个性。他们对于新技术、新设计和新概念非常敏感。为了吸引这类消费者,需要持续创新,不断更新产品,同时在营销策略上也要与时俱进,利用数字化营销、社交媒体等手段与消费者互动。

（3）冒险型消费者。冒险型消费者乐于探索未知,愿意尝试新事物。他们的购买决策常常是基于好奇心和探索精神。冒险型消费者可能会被这种全新的购物模式所吸引,出于好奇而来体验。冒险型消费者是市场上的"先行者"。他们愿意冒险,尝试品牌尚未大规模推广的新产品或服务。为了满足这一类消费者的需求,品牌需要经常更新产品线、推出限量版或特别版产品,并在营销上创造新鲜、有趣的体验。

4. 根据品牌关系的分类

（1）品牌推崇者。品牌推崇者是那些对某一品牌持有强烈正面情感的消费者。他们不仅频繁购买和使用该品牌的产品或服务,而且还可能成为品牌的自发传播者,推荐给家人、朋友和社交圈。品牌推崇者对品牌的忠诚度远超其他消费者,他们的忠诚度可能来源于对品牌的情感认同、对产品质量的满意度或与品牌共同的价值观。对于品牌来说,这类消费者是非常有价值的,因为他们不仅自己是忠实的购买者,还可能帮助品牌吸引新的消费者。品牌需要珍惜这一群体,通过高质量的产品和服务、优秀的售后支持和与消费者的互动来进一步增强他们的忠诚度。

（2）品牌中立者。品牌中立者是那些对品牌既没有强烈的正面情感,也没有强烈的负面情感的消费者。他们的购买决策可能基于价格、功能、便利性等因素,而不是品牌。在家电市场中,尽管有一些知名品牌如海尔和美的,但还有很大一部分消费者在购买家电产品时,更加关注产品的功能、价格和质保,而不是品牌名称。品牌中立者是潜在的忠诚消费者。品牌需要通过强化品牌形象、提高产品质量和服务、进行有效的营销策略来转化这部分消费者。此外,品牌也可以通过调查和市场研究来深入了解这类消费者的需求和购买动机,以便提供更具吸引力的产品和服务。

（3）品牌批评者。品牌批评者是那些对品牌持有强烈负面情感的消费者。他们可能因为过去的某些不良体验或对品牌的某些做法持有负面看法，并可能在社交媒体、评论网站等平台上发表负面评论。品牌批评者对于品牌来说是一个挑战，但也是一个机会。品牌需要正视批评，真诚地与消费者沟通，了解他们的不满和需求，并采取措施进行改进。如果处理得当，品牌甚至有可能将这些批评者转化为忠实的消费者。另外，品牌还需要建立一个有效的危机公关策略，以应对突发的负面事件，并及时恢复品牌形象。

综上所述，不同品牌关系的消费者为品牌提供了不同的机会和挑战。品牌需要深入了解这些消费者的需求、情感和购买动机，制定有效的策略来吸引和保留他们。

（三）消费者与市场的关系

虽然"市场"和"消费者"这两个术语经常被交替使用，但它们之间存在细微的差异。市场更侧重于经济活动，包括购买、销售和交换，而消费者更侧重于信息接收和信息传播的活动。因此，一个品牌的市场可能包括其所有的潜在买家，而消费者则更侧重于与品牌进行互动或与品牌信息进行交互的那部分人。

（四）消费者分析的重要性

通过对消费者进行深入分析，品牌可以更精确地确定其市场定位、制定产品策略、设计传播策略并确定市场活动。了解消费者的需求、偏好、购买习惯和传播习惯，可以帮助品牌更有效地与消费者建立联系和互动。

（五）消费者需求

消费者需求指的是消费者在购买或使用品牌、产品或服务时所追求的具体功能、效益、感受和价值。了解消费者的真实需求是品牌成功的关键，因为它直接决定了消费者是否会选择该品牌，以及他们与品牌之间的关系如何发展。

1. 功能需求

功能需求涉及产品或服务的基本作用和其为消费者所提供的实际效益。这种需求通常是客观的、明确的,并且可以量化。功能需求在许多情况下是消费者选择特定品牌的首要原因,因为它直接关联到产品或服务的主要目的。

（1）基本功能需求。产品或服务的核心功能,是消费者选择该产品或服务的主要原因。

（2）增强功能需求。超出基本需求的附加功能,这些功能为品牌提供了与竞争对手区分的机会。

（3）安全功能需求。与产品或服务的安全性相关的需求。

（4）便利功能需求。与使产品或服务更易于使用或提供额外便利性相关的需求。

（5）个性化功能需求。满足特定消费者群体或个人偏好的功能。

总之,功能需求是消费者购买决策中的核心考虑因素。品牌需要不仅要满足消费者的基本功能需求,还要在增强功能、安全性、便利性和个性化等方面进行创新和优化,以区分竞争对手并满足消费者的多元化需求。

2. 情感需求

情感需求是指消费者在购买或使用产品或服务时寻求的与情感、心理和社会认同相关的需求。与功能需求不同,情感需求通常是主观的,涉及感受、情感和价值观。通过满足这些需求可以与消费者建立深厚的情感联系,从而加强服装品牌忠诚度和口碑传播。

（1）归属感需求。消费者希望通过某个品牌或产品与某个群体、文化或社会阶层建立联系的需求。当他们拥有这些品牌的商品时,会感到自己是社会上的一员,与成功和财富相联系。

（2）自我表达需求。消费者通过某品牌或产品展示自己的个性、价值观和生活方式的需求。购买特定风格的服装、配饰或技术产品来展示自己的生活方式和审美观点。

（3）情感安慰需求。消费者在情感上寻求安慰、安心或安全感的需求。

3.自我增强需求

自我增强需求源自个体的内部驱动,希望通过使用某个品牌、产品或服务来提高自我价值感或自尊。这种需求往往与个体的自我形象、身份认同和社会地位有关。当某个品牌或产品能够与消费者的自我形象相一致,或者能够帮助消费者在社会中获得更高的认同感和地位时,消费者可能会更倾向于选择这个品牌或产品。

4.价值需求

价值需求指的是消费者选择某个品牌的服装时,不仅仅基于产品或服务的功能性特点,还基于与该品牌相关的某些深层次的价值观、信仰或哲学。这种需求强调了消费者与品牌之间的情感、文化和道德上的联系,而不仅仅是物质上的交换。

三、环境意识对消费者需求的影响

消费者需求分析是市场营销中的重要一环,它涉及消费者的需求、偏好、行为等方面。在环境意识逐渐增强的背景下,消费者需求也发生了很大的变化。

首先,消费者对环保产品的需求逐渐增加。随着环保意识的增强,越来越多的消费者开始关注产品的环保性能,尤其是一些高档消费品。例如,越来越多的人开始选择使用环保袋、环保杯等环保产品,而不是传统的一次性用品。

其次,消费者对绿色消费的需求也在增加。绿色消费是指消费者在购买商品或服务时,尽量选择符合环保要求、对健康无害的产品。这种消费方式不仅能够保护环境,还能够提高消费者的健康水平。因此,在消费市场中,绿色消费已经成为一个趋势。

最后,消费者对低碳生活的需求也在不断增加。低碳生活是指通过减少碳排放来降低对环境的影响,包括节约能源、减少交通污染等方面。在这种生活方式的影响下,越来越多的消费者开始关注自己的碳排放量,并采取相应的措施来降低自己的碳足迹。

综上所述,环境意识的形成已经对消费者需求产生了很大的影响,使得消费者对环保、绿色消费和低碳生活等方面的需求逐渐增加。对于企业而言,要想在市场竞争中获得优势,就必须关注消费者的需求,并根据环境意识来调整自己的产品和营销策略。

第二节　可持续时尚消费行为的引导与激励

一、可持续消费行为研究

(一)可持续消费

可持续的概念是于 20 世纪 80 年代提出的,但是直到二十多年以后可持续消费的概念才得到国外学术界的关注。关于可持续消费的定义,联合国环境规划署提出它是在满足人们基本需要的基础上,提高生活质量,同时使用较少的自然资源和有毒材料,产生的废物和污染最少的消费。这种消费并不是危及后代的需求。[1]

联合国的这一概念在后续使用中得到了普遍的认可。目前,西方社会使用的可持续消费概念具有如下特征:(1)能够提高生活质量;(2)较少使用资源;(3)较少产生负面影响。[2]还可将其概括为对环境、社会、经济等比较友好的商品或服务。

我国学术界对于可持续消费概念的界定与西方有一定的相似性,都比较关注消费与环境之间的和谐、持续与共同发展。早在 1996 年就有

---

[1]　1994 年,联合国环境规划署在《可持续消费的政策因素》中将可持续消费定义为:"提供服务以及相关产品以满足人类的基本需求,提高生活质量,同时使自然资源和有毒材料的使用量最少,使服务或产品的生命周期中所产生的废物和污染最少,从而不危及后代的需求。"

[2]　即"使用能够提高生活质量的商品和服务,并在产品的整个生命周期内尽量减少资源使用、废物排放方面的负面影响。"

吕福新提出的关于可持续消费的概念,但有学者提出他的观念缺少消费的公平性,因此并不规范。于是,又陆续有学者基于消费公平的角度对可持续消费概念做出了界定。如图5-2所示。

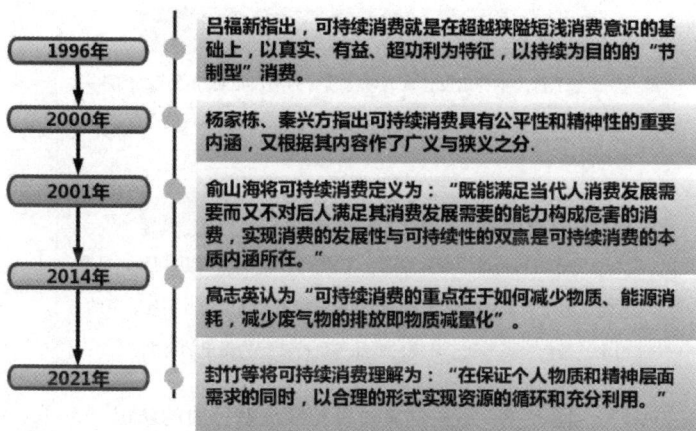

1996年	吕福新指出,可持续消费就是在超越狭隘短浅消费意识的基础上,以真实、有益、超功利为特征,以持续为目的的"节制型"消费。
2000年	杨家栋、秦兴方指出可持续消费具有公平性和精神性的重要内涵,又根据其内容作了广义与狭义之分。
2001年	俞山海将可持续消费定义为:"既能满足当代人消费发展需要而又不对后人满足其消费发展需要的能力构成危害的消费,实现消费的发展性与可持续性的双赢是可持续消费的本质内涵所在。"
2014年	高志英认为"可持续消费的重点在于如何减少物质、能源消耗,减少废气物的排放即物质减量化"。
2021年	封竹等将可持续消费理解为:"在保证个人物质和精神层面需求的同时,以合理的形式实现资源的循环和充分利用。"

图5-2 我国学者对可持续消费的见解

经过研究发现,可持续消费概念虽然是一个发展中的概念,可以从经济、文化、哲学等角度作出解释,但是无论如何,其所具有的可持续性、发展性,以及对后代的公平性都是不变的。因此,人们通常将其界定为能够满足当代人的消费需求,又不会对后代人产生危害的消费。

（二）可持续消费行为

可持续消费行为是在可持续发展与可持续消费概念基础上提出的,它是从宏观到微观转变的新的研究视角。随着可持续发展研究的逐渐深入,越来越多的学者开始意识到当前环境的恶化是由于消费者个体的不可持续消费行为造成的,因此只有研究消费者的消费行为,才能促进其进行转变,从而实现保护环境以及可持续发展的目的。

对于可持续消费行为,国内外学者都提出了自己的见解。如图5-3所示。

董学兵

研究城市居民的可持续消费行为时将其分为获取、使用与处理和循环利用行为。

李献士等

基于行为本身出发,认为可持续行为不仅是对绿色产品的购买,而且包括了对产品的使用和回收处置等环节,其根本目的是保护资源与环境。

UllaA、Saari 等

并未对可持续消费行为这一变量进行进一步的维度划分,仅把它定义为个人采取的购买无农药种植的蔬果、减少能源消耗、节约用水、避免购买不利于环境的产品等可持续行为做出的努力。

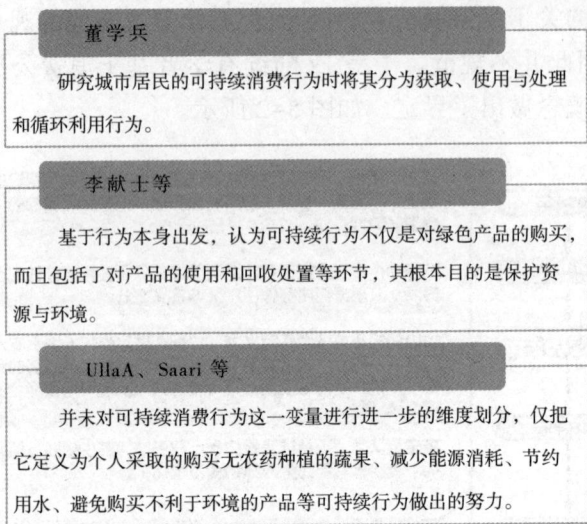

图5-3 不同学者对可持续消费行为的认识

通过国内外学者的研究发现,国内学者大多从购买、使用、处理三个阶段来分析可持续消费行为,而国外学者则不对研究维度作划分。为了便于研究,本节采用国内学者的研究方法。

(三)服装可持续消费行为研究

近年来,越来越多的学者将研究的目光投向了时尚行业对环境造成的污染。但一直以来大家都认为污染的源头在于生产,事实上,消费者的购买意愿、行为、习惯等也会造成重要影响,[①] 于是学者提出了服装可持续消费的概念。服装可持续消费行为是指在购买和穿着服装时,尽可能减少对环境的负面影响,并支持可持续发展的理念。随着可持续发展理念的发展,越来越多的消费者开始关注可持续消费,并将其纳入自己的购物决策中。

---

① ZHAO等(2014)指出:"服装行业的可持续转型不仅取决于原材料、生产等环节,还取决于消费者及其意愿、行为和习惯,在减少服装对环境的负面影响方面发挥着不可估量的作用。"

二、消费时尚概述

（一）消费时尚的内涵

消费时尚是指消费者在购买服装、鞋子、配饰等时尚产品时所表现出的消费习惯和趋势。当前，随着经济下行压力的增大，消费者的消费行为也在发生变化，消费降级成为一种趋势。在这种趋势下，一些消费者开始减少消费频次、降低价格敏感度，潮牌、设计师品牌等受到冲击。不过，消费者在购买时尚产品时仍然注重品质、设计和品牌故事等因素，只是更加谨慎和精明。此外，随着可持续发展理念的发展，越来越多的消费者开始关注可持续消费，并将其纳入自己的购物决策中。因此，消费时尚不仅是一种消费习惯和趋势，也是与环保、社会责任等相关的社会问题。对消费时尚的理解，可以从以下几个角度来进行。

1. 消费时尚不仅是一种消费行为，更是一种消费观念和价值观

消费时尚是一个综合的概念，它涵盖了观念、行为和产品三个不同的方面。从观念的角度来看，消费时尚本身就包含了一定的消费观念，例如人们传统的消费观念是多挣钱、多存钱，少花钱，而现在人们的消费观念则是边挣边花，甚至是超前消费。除此之外，消费时尚本身还体现了对某种消费观念的倾向，如有的人喜欢将钱花在娱乐文化上，有的则喜欢将钱花在衣食住行上。而从行为和产品角度来看，消费时尚则表现出对某种行为和产品的追求，例如花钱看演唱会、美体健身、旅游等，购买时装、手机、汽车等。

2. 消费时尚是一种流行的生活方式

消费时尚确实是一种流行的生活方式。随着时尚产业的发展和消费者收入的增加，越来越多的消费者开始追求个性化的时尚生活方式。在这种生活方式中，消费者不仅关注自己的穿着打扮，还注重生活品质、社交活动等方面。消费时尚不仅是一种消费行为，也是一种生活方式和文化现象。通过消费时尚，人们可以表达自己的个性和品位，展示

自己的生活质量和生活态度。同时,消费时尚也反映了社会和文化的变化,如社交媒体的兴起、年轻人的崛起等,这些因素也推动了消费时尚的形成和发展。因此,消费时尚不仅是一种流行的生活方式,也是社会和文化变革的体现。

3. 消费时尚是以物质文化的形式而流通的消费文化

消费时尚不仅是一种消费习惯和趋势,也是一种文化现象。消费时尚通过产品、品牌、设计、营销等手段,将一种生活方式、价值观和文化传递给消费者,并在一定程度上塑造了消费者的消费观念和品位。同时,消费时尚也反映了社会和文化的变化,如社交媒体的兴起、年轻人的崛起等,这些因素也推动了消费时尚的形成和发展。因此,消费时尚不仅是一种以物质文化的形式而流通的消费文化,也是社会和文化变革的体现。

结合以上分析可知,消费时尚不仅仅是购买各种产品和行为的堆积,它还蕴含着深刻的文化内涵,是人们消费观念和行为规范的体现。当然,这种消费观念和行为规范也脱离不了物质的载体,与物质有着天然的联系。在消费中追求时尚是社会进步的一种表现。

(二)消费时尚的影响因素

1. 主观因素

(1)求同与求异:时尚产生的心理动机
时尚产生的心理动机既有求同的一面,也有求异的一面。

求同的一面是指人们希望通过追求某种时尚来获得更多的社会认同感,表达自己的身份和社会地位。通过穿着打扮、言行举止等方面符合某种时尚标准,人们可以感受到自己的身份和社会地位。这种心理动机可以让人们获得一种归属感和安全感,从而增强自己的自信心和自尊心。

求异的一面则是指人们希望通过追求个性化的方式来表达自己的个性和品位,展示自己的生活方式和价值观。这种心理动机可以让人们获得一种自我实现感和成就感，从而满足自己的好奇心和探索欲望。同时，这种心理动机也可以让人们与其他消费者形成共鸣，建立社交关系，扩大社交圈子。

求同与求异的心理动机既能够推动整个时尚产业的发展，也能够为消费者提供一种自我表达和展示的方式，增强自己的自信心和自尊心。

（2）模仿与从众：时尚流行的手段与克星

在时尚界，模仿是一种常见的现象。很多人会模仿时尚明星或者潮流达人的穿搭，以此来追求时尚潮流。模仿者与被模仿者也是促进时尚流行传播的一个原动力，他们会促进新的时尚产生。而就从众来说，人们会将大多数人都公认的判断和采取的行为视为正确的判断和认为。每个社会的个体都不会愿意成为孤立于社会的"另类"存在。所以他们会追赶流行，以求在心理上获得一种归属感和安全感。但需要注意的是，模仿与从众不仅推动了时尚的普及，反过来也妨碍了时尚的发展，甚至使时尚最终走向消亡。一种新的行为会在不断模仿中失去了立足的新颖性。

因此，仅仅模仿和从众是不够的，时尚需要有自己的独立思考和判断力，才能真正体现自己的个性和品位。因此，对于想要在时尚领域中有所成就的人来说，模仿和从众并不是可取的行为。相反，他们应该注重自己的独立思考和判断力，发掘出适合自己的风格和品位，这样才能在时尚领域中获得成功。

2. 客观因素

（1）社会时代背景和社会心理需求

社会时代背景指的是社会大环境下，经济、文化、科技等因素对消费时尚的影响。社会心理学则关注消费者的心理因素，包括个人需求、动机、态度、价值观等，以及消费者对时尚的认知和评价。

在现代社会，随着经济的发展和人们生活水平的提高，消费时尚已经成为人们生活中不可或缺的一部分。时尚不仅仅是一种服装、饰品或化妆品等方面的流行元素，更是一种文化表达方式，反映了当代社会的价值观念和审美趋势。因此，社会时代背景对消费时尚产生了深刻的影响。例如，在信息时代，社交媒体和互联网已经成为时尚传播的重要渠道，在全球化时代，国际知名品牌和设计成为消费者追逐的对象。

　　消费时尚的产生和发展也受到社会心理学因素的影响。消费者的个人需求和动机是推动消费时尚的重要因素之一。例如,人们对于美的追求、对于个性化表达的需求、对于社交认可的渴望等都是推动消费时尚的动力。此外,消费者对时尚的认知和评价也受到个人需求、动机、态度、价值观等因素的影响。例如,有些人更注重时尚的品质和价值,而有些人则更注重时尚的外观和个性。

　　总之,消费时尚是社会时代背景和社会心理学的交叉领域,受到社会时代背景和消费者个人需求、动机、态度、价值观等因素的影响。了解这些因素对于理解消费时尚和推动时尚产业的发展具有重要意义。

　　(2)社会经济发展水平和个体的消费能力

　　消费时尚与社会经济发展水平和个体的消费能力密切相关。随着社会经济的不断发展,人们的消费水平和消费观念也在不断提高,消费时尚也随之产生和发展。同时,社会经济发展水平也决定了时尚产业的发展程度和影响力。例如,在经济发达的地区,时尚产业更加发达,时尚品牌和设计师也更加集中,这为消费时尚提供了更好的环境和条件。

　　个体的消费能力也是影响消费时尚的重要因素之一。消费者的消费能力越强,就越有能力追求高品质的时尚产品,享受更高的消费体验。消费能力较弱的人则更注重性价比,选择更实惠的时尚产品。因此,消费能力是影响消费时尚的重要因素之一,也是推动时尚产业发展的重要动力之一。

　　总之,消费时尚与社会经济发展水平和个体的消费能力密切相关。随着社会经济的不断发展和人们消费能力的提高,消费时尚也将不断地发展和创新。

　　(3)社会开放状况和媒体发达程度

　　消费时尚是社会开放状况和媒体发达程度的重要体现。随着社会开放程度的不断提高,人们的思想和行为也在逐渐改变,消费时尚也随之产生和发展。在媒体发达的时代,时尚品牌和设计师可以通过各种媒体平台向消费者展示自己的产品,引导消费者的消费行为。同时,媒体对时尚的报道和传播也影响了消费者的时尚观念和审美趋势。

　　在中国,随着改革开放的深入推进,社会开放程度不断提高,人们的消费行为和消费观念也在不断变化。例如,在过去,中国消费者的消费行为往往被限定在不同的群体中,而现在随着中国社会开放程度逐渐提高,人们的心态也越来越包容,消费者行为也在悄然发生着改变。

此外,媒体发达程度也对消费时尚产生了影响。随着互联网和社交媒体的普及,时尚品牌和设计师可以通过这些平台向消费者展示自己的产品,并引导消费者的消费行为。同时,媒体对时尚的报道和传播也影响了消费者的时尚观念和审美趋势。

总之,消费时尚是社会开放状况和媒体发达程度的重要体现。随着社会的开放程度不断提高和媒体发达程度的加强,消费时尚也将不断发展和创新。

(三)消费时尚的重要性

消费时尚具有重要性,主要体现在以下几个方面。

(1)促进经济发展。消费时尚能够刺激市场需求,促进经济增长。消费者追求时尚,会促使企业生产和销售相关的产品,从而带动经济发展。

(2)塑造个人形象。消费时尚可以帮助人们更好地展现自己的个性和品位,增强自信心。通过追求时尚,人们可以更好地展示自己,并在社会中获得更多的认可和尊重。

(3)推动文化传承。时尚是一种文化表达方式,消费时尚能够推动文化的传承和发展。时尚中的设计和元素可以反映当地的文化特色和价值观,通过消费时尚,人们可以更好地了解和传承自己的文化。

(4)促进创新。消费时尚能够激发企业的创造力和创新能力,推动产品和服务的创新。随着消费者对时尚的需求不断变化,企业需要不断推陈出新,才能满足消费者的要求。

(四)消费时尚对社会可持续发展的重要影响

消费时尚对社会可持续发展有着重要的影响。首先,时尚产业是一个庞大的产业链,涉及纺织、皮革、制鞋、服装等多个行业,其发展能够带动相关产业的发展,促进就业。其次,时尚产业也需要注重环保和社会责任,推广可持续时尚是实现社会可持续发展的重要途径之一。当前,越来越多的设计师和品牌开始注重环保和社会责任,推出可持续的时尚产品,这些产品不仅具有时尚性,而且能够减少对环境的影响,推动时尚产业的可持续发展。此外,时尚消费者也应该注重自己的消费行为,选择环保、可持续的时尚产品,推动时尚产业的可持续发展。总之,消费时尚对社会可持续发展有着重要的影响,需要注重环保和社会责任,推动时尚产业的可持续发展。

三、可持续的消费时尚在我国的兴起

近年来,随着全球环保意识的不断提高,可持续消费时尚在我国逐渐兴起。这种消费趋势强调在满足个人需求的同时,也要尽量减少对环境的负面影响。同时,以信息、互联网等技术为核心的新一轮产业革命正在席卷全球,它将推动生产方式及产业组织形式发生重大变革,促进可持续消费时尚的推广。

（一）"绿领"的绿色消费时尚

通常来说,以经济实力和社会地位为依据,可将职业群体划分为白领、蓝领两种,其中白领又延伸出金领、粉领两种,蓝领又延伸出灰领。与这些职业群体不同的是,绿领并不是以经济实力和社会地位划分的,它更多的是代表一种生活理念与方式。绿领不仅关注自身的健康和生活质量,同时也关注地球的健康和环境的可持续性。绿领的生活方式包括使用可再生能源、减少碳足迹、购买环保产品、参与社区清洁活动等。

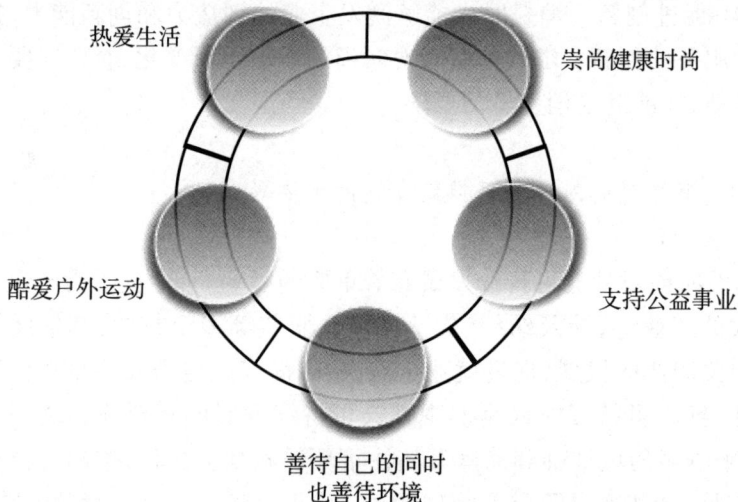

图 5-4　绿领的品质特征

如图 5-4 所示,绿领的品质特征中最突出的就是他们对环保公益事业的热心,他们通常具有某种志愿者经历或者愿意进行慈善捐助。

绿领提倡的不仅是一种消费方式和生活观念,他们还致力于为社会创造一种积极向上的价值观,他们认为生活的价值并不局限在金钱上,甚至要比金钱更高。他们的这种消费观念与他们的标志是相符的,这个群体往往在二三十岁就拥有了上一代人四五十岁才积累的财富与生活质量,不必为金钱担忧。

在早早拥有了坚实的经济基础之后,绿领们开始追求幸福感与有质量的生活。他们在购物时,会思考自己是否真正需要这个东西;在衣食住行方面,倾向于选择无公害的食品、天然材质的衣服、符合自己需要的住房等。总之,他们遵循着简约、健康的规则,合理地消费与生活,一切忠实于内心,追求对生活本质的回归。

绿领的出现是我国社会环境和时代背景共同影响的结果。在当前社会,我国处于高速发展阶段,许多人充满了对功名与财富的渴望,内心焦虑、浮躁。而有些人则在满足了财富的需求以后开始考虑对自然和绿色的回归。绿领的出现,是社会发展的大势所趋,他们以自己独特的生活方式和态度彰显了他们的魅力。

（二）"NONO 族"的新节俭主义时尚

如果说绿领代表的是一种消费观念,那么 NONO 族引领的就是一种节俭观念。节俭是中华民族的传统美德和生活习惯,但 NONO 族引领的却不是传统的节俭观。他们与月光族[①]、新贫族[②]完全相反,崇尚的是一种简单生活的新节俭主义。

所谓新节俭主义是一种生活方式,旨在用尽量少的钱获取尽量多的

---

① 月光族是一个指代年轻人消费观念的术语,他们通常将每月赚的钱都用光或花光,不注重理财。月光族这个词是一个中性词,没有褒贬之分。月光族的年轻人通常喜欢追逐新潮,扮靓买靓衫,只要吃得开心,穿得漂亮。月光族的口号是"挣多少用多少,吃光用光,身体健康"。月光族在当今社会已经成为一个群体,特别是在年轻一代中更为普遍。月光族的出现是由于年轻人与父辈勤俭节约的消费观念不同,他们更注重享受生活和追求时尚。然而,月光族也面临着一些负面影响,如缺乏理财意识和储蓄习惯,容易导致财务紧张和焦虑。
② 新贫族往往通过过分的包装和奢华的消费来炫耀自己,一味地盲目追求名牌。他们一边为了挣钱累得面色苍白,一边为了买名牌衣服而省吃俭用。

享受和满足需求。这种生活方式强调精打细算、理财有道、勤俭节约,将日子过得健康舒适。

新节俭主义在当前物质丰足的时代依然具有重要的意义。勤俭节约是中华民族的传统美德之一,新节俭主义则将其发扬光大。同时,新节俭主义也符合现代社会可持续发展的理念,有助于减少浪费、保护环境。近年来,新节俭主义在年轻人中越来越流行。

新节俭主义与旧节俭主义在生活方式、价值观念和文化背景等方面存在差异。

首先,新节俭主义注重的是理性消费和简约生活,强调节约和规划财务,反对过度消费和浪费。而旧节俭主义则更注重节约和节省,强调艰苦朴素、勤俭节约的生活方式。

其次,新节俭主义更受年轻人欢迎,反映了现代社会的消费观念和价值观的变化。相比之下,旧节俭主义更多地受到老年人的欢迎,其价值观念和生活方式更符合老年人的生活经验和文化背景。

最后,新节俭主义的兴起也与当今社会的可持续发展密切相关。新节俭主义主张减少浪费,符合现代社会可持续发展的理念。而旧节俭主义则更多强调节约和节省,对于环境保护等问题的关注相对较少。

总之,新节俭主义与旧节俭主义在生活方式、价值观念和文化背景等方面存在差异。但两者都是勤俭节约的传统美德,都有助于人们合理规划财务、提高生活质量,都值得倡导和推广。

大多数新节俭主义者的收入都不低,他们只是崇尚用更少的钱来享受更好的生活,因此会优化自己的消费结构。基于新节俭主义而出现的NONO族是一种注重简约生活和拒绝名牌的消费观念。NO一词来自加拿大记者纳奥米·克莱恩(Naomi Klein)于2002年出版的畅销书《拒绝名牌》(No Logo),书中揭示了当今世界疯狂的消费状况以及人类日常生活中所受到的品牌及其广告的骚扰和欺诈,倡导一种理性消费、简约生活的新节俭主义之风。NONO族以"潮流规则解密者和颠覆者身份出现,追求高品质的生活,注重个人感受,拒绝被潮流程式化而淹没自己的个性"。

在现代社会,NONO族已经发展为一个不可忽视的群体。他们对于企业来说,是一个重要的消费群体,可以更高的价格来购买更优质的产品和服务;对于政府和社会来说,则对旧的消费观念(月光族、新贫族等)形成了挑战,进而影响了整个社会。

NONO 族在我国已经落地生根,并逐渐壮大。他们的出现与我国改革开放和现代化建设密不可分。改革开放与现代化建设使得我国经济得到了迅速的增长,人们的生活水平有了大幅度提高。人们在实现了物质富足之后开始追求高质量的生活,其消费观念也逐渐从节俭到奢侈再到主动节俭。这是一个否定之否定的过程。在这个过程中,人们实现了内心的满足,因此形成了一股新的时尚潮流。

（三）"拼"消费时尚

近年来,都市生活中也出现了一个特殊的群体——"拼族"。他们富有浓厚的时代气息。

拼族是指那些以节约、分享、互助等方式进行消费和生活的人群。目前,都市"拼族"悄然兴起,包括拼车、拼房、拼吃、拼购、拼玩等项目。其中,拼车是最为普及的一种,通过拼车,可以减少油费和交通费用,同时也能减少车辆排放,保护环境。拼房则是一种共享住房的方式,通过拼房,可以分摊房租和水电费,同时也能结交新朋友。此外,拼购也是一种比较流行的消费方式,通过拼购,可以享受更多的折扣优惠。各大商场在节日里往往会推出购物满一定金额时可享受优惠的活动,于是一些彼此陌生的顾客在这时也会采用临时"拼购"的方式以减少购物开支。拼玩则是通过结伴而行,享受共同的兴趣爱好,增加社交圈子。

所谓"拼",就是合伙、AA 的意思。它的不同之处在于,相互拼的人彼此并不认识。因此,拼起来的消费,不仅可以节省一部分开支,还可以结识不同的人,体会友情与快乐。这种消费方式是现代都市中的人们用有限的收入来体会高品质生活的一种方式。它折射出人们的精明与节俭,也对资源节约贡献了力量。

"拼"消费是现代都市中,理性人用有限的收入实现高品质生活的一种消费模式。"拼"消费是消费走向成熟的表现,折射出新时代人们精明与节俭的生活理念。"拼族"节俭、节约的环保意识也为节省日益匮乏的资源贡献了力量。

总的来说,拼族消费符合中国人勤俭节约的传统美德,营造了理性且节俭的消费文化,是在我国建设节约型社会、和谐社会背景下出现的,是值得提倡的。但是,由于拼客大多为陌生人,因此在拼族消费中也需要注意安全问题。

四、我国可持续消费时尚推广的障碍性因素

在推广可持续性消费时尚的过程中,存在有许多的障碍性因素,以消费者为出发点,选择其中的两个方面来进行分析。

(一)对可持续消费认识不清

有些人对可持续消费的认识还存在一些误区和不清之处。

首先,一些人认为可持续消费就是购买环保产品,这种认识并不完全准确。可持续消费不仅仅是购买环保产品,还包括减少浪费、选择低碳生活方式等方面。

其次,一些人认为可持续消费需要花费更多的成本,这种认识也不尽然。实际上,随着科技的进步和生产方式的改变,一些可持续产品的价格已经越来越合理,而且这些产品的性能和质量也越来越好。

最后,一些人认为可持续消费与自己的生活方式无关,这种认识也是错误的。每个人的日常生活都会对环境产生影响,因此每个人都应该尽可能地采取可持续消费的方式,减少自己对环境的影响。

总之,对可持续消费的认识还需要进一步加深和拓展。人们应该认识到,可持续消费不仅是一种消费方式,更是一种社会责任和环保意识的表现。只有真正理解和践行可持续消费,才能更好地保护地球家园。

(二)"私益型"绿色消费占主要比重,"公益型"绿色消费动力不足

根据受益对象的不同,可将绿色消费划分为"公益型"和"私益型"两类。它们之间的特征与对比可见表5-1。

表5-1 "公益型"和"私益型"绿色消费的特征与对比

	"公益型"绿色消费	"私益型"绿色消费
受益对象	大气、土壤及水资源等公共环境	消费者本人
受益特征	不具有排他性	具有排他性
产品类型	无氟冰箱、无磷洗涤剂及无铅汽油等	绿色食品、绿色饮料、环保建材等

据调查可知,我国消费者在选择绿色商品时,往往选择"私益型"绿色商品,看重商品对自己健康的影响,而不重视它对公共环境的影响。在所有绿色商品的销售中,"私益型"绿色商品的销售比重远大于"公益型"绿色商品的销售比重。究其原因,还在于我国消费者对可持续消费的认识不够,缺乏社会责任和环保意识,这是影响我国可持续消费时尚推广的最大障碍。

五、倡导可持续消费时尚的有效途径

（一）利用可持续消费时尚的模仿与从众效应

可持续的消费时尚可以通过模仿和从众效应来推动。在利用模仿效应方面,可以引导消费者通过观察他人的消费行为,了解他们的消费方式和产品选择,从而改变自己的消费行为。例如,看到别人购买环保产品,消费者可能会受到启发,也开始购买类似的产品。在利用从众效应方面,可以引导消费者通过加入消费群体中,感受群体的力量和认同感,从而更加积极地参与可持续消费。例如,在社交媒体上关注一些绿色消费博主,可以了解到更多的可持续消费知识和产品推荐,同时也可以与其他绿色消费者交流,形成群体效应。因此,利用可持续消费时尚的模仿和从众效应,可以促进更多人参与到可持续消费中来,推动绿色消费理念的普及和实践。

（二）培育绿色市场和绿色企业

随着全球环境问题的日益严重,绿色市场和绿色企业的概念越来越受到关注。绿色市场是指通过推广环保产品和服务,促进可持续消费的市场。而绿色企业则是指在经营过程中注重环境保护、社会责任和可持续性的企业。

绿色市场的出现是为了满足消费者对于环保产品的需求,同时也推动了绿色企业的发展和创新。在绿色市场中,消费者可以根据自己的需求选择环保产品,同时也可以监督企业的环保行为,促进企业改善环境绩效。

　　绿色企业则可以通过自身的环保行为,引导消费者进行可持续消费。例如,推出环保产品、降低能源消耗、减少废弃物排放等。同时,绿色企业也可以利用自己的品牌影响力,倡导可持续发展理念,影响更多的消费者进行可持续消费。

　　总的来说,绿色市场和绿色企业的出现是为了保护地球环境,推动可持续发展。通过绿色市场的监管和企业的行为引导,可以让可持续消费成为一种社会共识和价值观,共同保护地球家园。

(三)时尚媒介的积极引导

　　时尚媒介在推动可持续消费方面发挥着重要作用。时尚杂志、时尚网站等时尚媒介可以通过宣传环保理念、推广环保产品等方式,引导消费者选择环保、低碳排放的时尚产品,从而推动可持续消费的发展。

　　为了进一步引导可持续消费,时尚媒介可以采取多种措施。

　　首先,时尚媒介可以加强环保宣传,提高公众对环保和可持续消费的认识和重视程度。同时,时尚媒介还可以推广环保产品,如环保服装、环保配件等,鼓励消费者选择环保产品。

　　其次,时尚媒介可以加强与企业的合作,共同推动可持续消费的发展。时尚媒介可以通过推荐环保产品、与企业合作推出环保系列等方式,促进可持续消费的发展。

　　此外,时尚媒介还可以加强技术创新,开发更加环保的时尚产品,减少对环境的污染。同时,时尚媒介还可以加强对消费者的教育,增强他们的环保意识,从而推动可持续消费的发展。

(四)政府的政策导向

　　从理论上来说,消费者的购买行为是受市场理性支配的。他们往往会选择以较低的价格购进最大效用的商品,而不是与之相反的。这就使得他们在面临一般商品与绿色商品时,并不会选择购买那些价格较高的绿色商品,即使这些商品对环境产生的危害小。可见,在保护环境和生态方面,如果单纯遵循市场理性,往往是无效的。它必然导致企业和消费者的行为对环境和生态产生负面的影响。为了克服市场理性的局限性,需要充分发挥政府的作用,约束企业和消费者的行为,实现向可持续消费的转型。一方面,政府应该开展环境教育,增强消费者的环境意识,并引导消费者转变消费观念。另一方面,则应加强对企业的监督,采用"谁生产,谁负责"的机制,使企业的发展实现绿色转型。

（五）消费者的环境教育

消费者的环境教育是指为了提高消费者对环境保护的认识和意识而进行的教育。这种教育旨在使消费者更加关注环境问题,并采取相应的行动减少对环境的负面影响。消费者环境教育的内容包括如下几个方面。

（1）环境保护知识的普及,让消费者了解环境问题的严重性和影响,以及如何减少环境污染和浪费。

（2）消费者行为的影响,让消费者认识到自己的消费行为对环境的影响,鼓励消费者选择环保产品和服务。

（3）绿色消费的理念,引导消费者选择绿色、环保的产品,以减少对环境的损害。

（4）社会责任的意识,让消费者意识到自己作为社会成员的责任,积极参与环保活动,为环境保护作出贡献。

总之,消费者的环境教育是保护环境的重要手段之一,可以增强消费者的环保意识和责任感,从而减少环境污染和破坏,保护人类共有的地球家园。

第三节 绿色消费的促进、障碍与长期习惯培养

绿色消费是指消费者对绿色产品的需求、购买和消费活动,是一种具有生态意识的、高层次的理性消费行为。国际上对"绿色"的理解通常包括生命、节能、环保三个方面。绿色消费是从满足生态需要出发,以有益健康和保护生态环境为基本内涵,符合人的健康和环境保护标准的各种消费行为和消费方式的统称。绿色消费包括的内容非常宽泛,不仅包括绿色产品,还包括物资的回收利用、能源的有效使用、对生命和物

种的保护等,可以说涵盖生产行为、消费行为的方方面面。随着社会的发展,绿色消费者已经成为一个不可忽视的群体。它的规模逐渐扩大,并有继续增加的趋势。因此,充分分析绿色消费的现状和存在的问题,并找到解决之道,对于促进绿色消费具有重要的影响。

一、中国绿色消费的现状

(一)消费者对绿色消费的认知度低

消费者对绿色消费的认知度低,主要表现在以下几个方面。

(1)不了解绿色消费的概念和意义。很多消费者并不知道什么是绿色消费,也不知道绿色消费对自己和社会有什么益处。

(2)不知道如何选择绿色产品。虽然有很多产品声称是"绿色产品",但消费者往往不知道如何判断一个产品是否真的符合绿色消费的标准。

(3)对绿色消费的成本和影响存在疑虑。一些消费者认为绿色消费会增加产品的成本,并且担心这种增加会转嫁到自己身上。同时,他们也担心绿色消费对环境和社会的影响可能比传统消费更大。

(4)缺乏参与绿色消费的意识和行为。很多消费者可能会关注环境问题,但他们不一定愿意采取行动来支持绿色消费。这可能与他们没有充分了解绿色消费有关,也可能是因为他们没有感受到绿色消费的实际效果。

以服装企业来说,许多消费者并不了解绿色服装或者生态服装到底是什么。一部分消费者会将绿色服装误认为是带有某种保护功能的服装,如抗菌、抗紫外线、防风防寒等,或者是以天然材料制成的服装。事实上这些服装的生产过程未必是"绿色"的。还有一部分消费者并不清楚绿色服装与非绿色服装的区别在哪里,非绿色服装有什么危害。他们选择服装主要是从对自身有益的角度来考虑,而不是从对环境有益的角度来考虑。

（二）企业对实施绿色消费的重要性认识不够

企业对实施绿色消费的重要性认识不够，主要表现在以下几个方面。

（1）缺乏对绿色消费的深入理解。一些企业可能对绿色消费的概念和意义并不了解，也不知道绿色消费对自己和社会有什么益处。

（2）缺乏实施绿色消费的具体计划和措施。一些企业可能没有制定具体的绿色消费计划和措施，也没有采取实际行动来推动绿色消费。

（3）缺乏对消费者进行绿色消费教育和培训的意识。一些企业没有意识到对消费者进行绿色消费教育和培训的重要性，也没有采取具体措施来促进消费者参与绿色消费。

企业对绿色消费的重视不够在一定程度上影响了消费者的绿色消费。但随着我国加入 WTO 后，欧美国家设置的绿色贸易壁垒对我国产品的出口造成了影响，这就使得一部分企业开始认识到绿色产品的重要性，从而加大了对产业升级和技术创新的投入。

（三）绿色市场的管理有待进一步健全规范

目前，绿色市场的管理还存在有许多不规范的现象，需要进一步健全，这具体表现在如下几个方面。

（1）我国的绿色工程起步较晚，这就使得它在管理制度上还有所欠缺。特别是我国企业数量众多，规模各异，如何对其产品进行检测，实行绿色管理还要找到有效的解决策略。

（2）许多企业和商场以次充好，产品质量参差不齐，环保不达标的产品屡见不鲜。同时，由于检测费用的问题，许多商家也并不愿意为保证产品环保达标而进行检测。

（3）绿色标识还有待进一步普及。绿色标识是消费者识别绿色产品的重要信息，虽然已经有一部分企业已经开始启动"中国环境标志"认证工作，但整体上来说，我国绿色生态标志的认证工作还处于起步阶段，尚不够完善，这就导致了消费者对绿色标识的认知程度不高，且信赖程度较低。

二、推进绿色消费行为的措施

（一）企业做好绿色产品的研发和生产工作

企业做好绿色产品的研发和生产工作，是推动绿色消费的重要一环。具体来说，企业可以从以下几点入手。

（1）加强绿色产品研发。企业可以针对市场需求和消费者需求，研发和推广具有环保、节能、低碳等特点的绿色产品，如可再生能源产品、低碳交通产品等。

（2）提高绿色产品的品质。企业需要确保绿色产品的质量和性能符合国际标准和行业标准，同时注重产品的可持续性和安全性，为消费者提供更加优质的绿色产品。

（3）加强绿色生产管理。企业需要建立绿色生产管理体系，采用环保、节能、低碳的生产方式，减少对环境的污染和资源的浪费，同时注重生产过程的可持续性和安全性。

（4）加强绿色产品的宣传和推广。企业可以通过各种渠道宣传和推广自己的绿色产品，提高消费者对绿色产品的认知度和信任度，促进绿色消费的普及和推广。

总之，企业需要注重环保、节能、低碳的生产方式，加强绿色产品的宣传和推广，为消费者提供更加优质的绿色产品。

（二）商家推进并严格把好绿色产品的销售关

商家推进并严格把好绿色产品的销售关，也是推动绿色消费的重要举措之一。商家可以从以下几个方面入手。

（1）严格把好绿色产品的品质关。商家需要确保销售的绿色产品质量和性能符合国际标准和行业标准，同时注重产品的可持续性和安全性，为消费者提供更加优质的绿色产品。

（2）加强绿色产品销售的宣传和推广。商家可以通过各种渠道宣传和推广自己的绿色产品，提高消费者对绿色产品的认知度和信任度，促进绿色消费的普及和推广。

（3）建立绿色产品销售的认证和标识体系。商家可以基于绿色产品标准的产品认证、标识体系来帮助消费者识别什么产品对环境更有益，通过消费者的选择性消费，不仅有助于保护环境，也能使相关生产者受益，形成良性循环。

（4）加强对绿色产品销售的监管和执法力度。商家需要建立完善的销售监管和执法机制，对销售过程中存在的违规行为进行及时发现和处理，保障消费者的权益。

总之，商家需要注重环保、节能、低碳的生产方式，加强绿色产品销售的宣传和推广，建立绿色产品销售的认证和标识体系，并加强对绿色产品销售的监管和执法力度。

（三）政府支持并引导绿色消费行为

绿色消费政策对绿色消费有着重要的影响。

首先，政府通过制定相关政策和管理制度，可以促进绿色消费的发展。例如，我国已经明确提出"二氧化碳排放力争于2030年前达到峰值，努力争取2060年前实现碳中和"的目标，并出台了一系列的绿色消费政策来推动绿色发展。此外，政府还可以通过财政支持、税收优惠等方式来鼓励绿色消费，增强消费者的环保意识。

其次，绿色消费政策的实施可以促进绿色消费的普及和推广。政府可以通过开展节约型机关、绿色家庭、绿色学校、绿色社区、绿色出行、绿色商场、绿色建筑等创建行动来推动绿色消费的普及和发展。此外，政府还可以通过加强监管，规范市场秩序，提高消费者购买绿色产品的信心。

最后，绿色消费政策的实施可以促进绿色消费的可持续发展。政府可以通过加强环保宣传、提高环保教育力度等方式，来增强消费者的环保意识和责任感。同时，政府还可以加强对环境友好型企业的扶持，鼓励企业生产绿色产品，推动绿色消费的可持续发展。

总之，绿色消费政策对绿色消费的影响是多方面的，包括促进绿色消费的发展、推广绿色消费的普及、推动绿色消费的可持续发展等。政府应该进一步加强对绿色消费政策的支持和落实，推动绿色消费在我国的普及和发展。

第四节　大数据在可持续时尚决策中的应用与挑战

一、大数据时代可持续时尚决策发展的契机与挑战

大数据时代的到来推动了人类社会各方面的变革，为人们做出可持续时尚决策提供了重要的发展契机。例如，通过对大量数据的收集和分析，企业可以更好地了解市场需求和消费者偏好，制定更加精准的产品策略和营销策略，提高产品的竞争力和市场占有率。大数据技术也可以帮助实现供应链管理的精细化，降低生产成本和库存风险。同时，大数据技术还可以应用于环保领域，例如通过分析纺织品的纤维成分和生产过程，评估其环境友好程度，推动时尚产业的可持续发展。因此，大数据技术可以帮助企业更好地把握可持续决策现状，提高决策的准确性和效率。

在大数据为可持续时尚决策发展带来契机的同时，也由于大数据自身存在的一些特点，如体量大、速度快、类型多、真实性高、价值密度低等，使可持续时尚决策的发展也面临着一些挑战。

（一）需要投入大量的资源和成本

大数据技术在可持续决策中的应用需要大量的资源和成本投入，主要包括以下几个方面。

第一，数据采集成本。大数据的采集需要投入大量的人力、物力和财力，需要收集大量的数据。例如，通过调查问卷、用户行为分析等方式获取消费者需求信息。

第二，数据处理成本。大数据的处理和分析需要高度的技术和专业知识，需要专业的人才和设备。例如，通过数据挖掘、机器学习等技术对海量数据进行分析和挖掘，以获取有价值的信息。

第三，数据存储成本。大数据的存储需要占用大量的存储空间，需

要投入大量的资金购买存储设备和服务。例如,通过云存储等方式对数据进行存储和管理。

因此,大数据技术在可持续决策中的应用需要大量的成本和资源投入,需要企业有足够的资金和技术实力来支撑。

（二）需要专业的技术、知识、人才和设备

对于大数据知识、人才和设备的要求,可以从以下几个方面进行了解。

第一,大数据知识要求。大数据知识包括数据采集、存储、处理、分析和挖掘等方面,需要掌握相关的数学、统计学、计算机科学等基础知识。

第二,大数据人才要求。大数据人才需要具备高度的技术能力和专业知识,需要掌握大数据处理和分析的相关技术,如数据挖掘、机器学习、人工智能等。

第三,大数据设备要求。大数据设备包括服务器、存储设备、云计算平台等,需要满足大数据处理和分析的高速度和大容量需求,需要具备高可靠性和安全性。

因此,大数据时代可持续决策需要企业有足够的资金和技术实力来支撑,同时也需要加强人才培养和设备投入,以满足大数据处理和分析的需求。

（三）面临着数据隐私和安全等方面的风险

对于大数据隐私和安全的要求,可以从以下几个方面进行了解。

第一,数据隐私要求。大数据应用需要收集和处理大量的个人和企业敏感信息,需要确保这些信息不被泄露或滥用。因此,需要采取有效的数据加密、权限控制、审计跟踪等措施,保护数据隐私。

第二,数据安全要求。大数据应用需要保证数据的完整性、机密性和可用性,需要采取有效的数据备份、灾备恢复、防火墙、入侵检测等措施,保障数据安全。

第三,数据治理要求。大数据应用需要建立有效的数据治理体系,包括数据管理、数据质量、数据安全等方面,确保数据的规范化和标准化。

因此,大数据时代可持续决策需要企业加强数据隐私和安全的保护,建立完善的数据治理体系,以确保数据的安全和可靠性。

二、大数据时代推动可持续时尚决策发展的策略

大数据环境使可持续时尚决策的发展既遇到了机遇,也面临着挑战。面对这些挑战,人们可以从学习大数据原理、掌握大数据技术、培养大数据人才等方面入手,将大数据转变为促进可持续时尚决策发展的新动力,激发其发展的活力。

(一)有效利用大数据技术,促进可持续时尚决策的发展

大数据在可持续时尚领域的应用已经引起了越来越多的关注。通过大数据分析,时尚品牌可以更好地了解消费者需求、市场趋势和竞争对手情况,从而制定更明智的决策。以下是一些大数据推动可持续时尚决策的策略。

首先,建立数据平台。时尚品牌可以建立一个数据平台,收集并整合各种数据,包括消费者行为数据、供应链数据、环境数据等。这些数据可以帮助品牌更好地理解市场和客户需求,优化生产和供应链管理,减少浪费和污染。

其次,采用大数据技术。时尚品牌可以采用大数据技术,如人工智能、机器学习等来分析和处理数据。这些技术可以帮助品牌更快地识别市场趋势和客户需求,提高生产效率和资源利用率。

再次,倡导可持续性。时尚品牌可以通过倡导可持续性来推动可持续时尚的发展。这包括推广再生纤维、减少浪费和污染、鼓励消费者回收和再利用等。品牌可以通过大数据来监测和评估这些活动的成效,从而不断改进和优化。

最后,与合作伙伴合作。时尚品牌可以与供应商、合作伙伴等建立紧密的合作关系,共同推动可持续时尚的发展。这包括优化供应链、减少浪费和污染、推广环保产品等。品牌可以利用大数据来监测和评估这些活动的成效,从而不断改进和优化。

总之,大数据在可持续时尚领域的应用可以帮助品牌更好地理解市场和客户需求,优化生产和供应链管理,减少浪费和污染,推动可持续时尚的发展。

（二）改革传统教育模式，培养大数据专业人才

大数据人才培养是当前社会和经济发展的重要方向之一。随着大数据技术的快速发展，越来越多的企业和机构开始意识到大数据人才的重要性，并加大了对大数据人才的培养力度。大数据人才培养需要注重以下几个方面。

首先，教育理念需要更新。随着大数据时代的到来，传统的教育模式已经无法满足需求，需要更加注重学生的潜能开发、学习能力的培养以及创新精神和实践能力的培育。

其次，需要构建数字化复合型人才培养的教学体系。数字化人才是能运用数字化思维、拥有数字化信息素养，并能熟练应用数字化工具进行数字敏感度分析的个人。因此，新的人才培养方案也可借鉴国外高校成熟的做法，有效地实行弹性学分制。

再次，需要融合线上、线下混合教学新模式。这种虚实融合的教学新模式有其局限性，即使有大数据和人工智能的新兴技术的助力，也很难取代课堂上师生面对面的传统授课优势。

最后，需要加强产业与教育之间的紧密合作。产业与教育之间的合作是培养高质量大数据人才的关键。教育机构需要加强与企业的合作，将企业的实际需求融入教学中，使学生更好地适应实际工作环境。

总之，大数据人才培养是当前社会和经济发展的重要方向之一。未来，人们需要不断创新教育理念、构建数字化复合型人才培养的教学体系、融合线上线下混合教学新模式以及加强产业与教育之间的紧密合作，才能更好地推动大数据人才的培养和发展。

（三）合理采用各种手段，关注大数据隐私与安全

大数据隐私与安全是当前社会和经济发展的重要问题。随着大数据技术的快速发展，越来越多的企业和机构开始意识到大数据隐私和安全的重要性，并加大了对大数据隐私和安全的保护力度。针对大数据隐私和安全问题，需要采取一系列策略和方法来保护个人隐私和企业隐私的安全。

首先，需要加强法律法规的制定和实施。国家应制定并完善保护隐私和信息安全的法律法规，对于侵犯隐私和信息安全的行为要给予严厉

的惩罚。同时,企业和个人也需要遵守相关的法律法规,不得随意泄露个人信息和企业信息。

其次,需要加强技术防护。企业和个人需要采取一系列的技术手段来保护个人隐私和企业隐私的安全,如加密、防火墙、入侵检测等。此外,还需要加强对数据备份和恢复的管理,确保数据的完整性和可靠性。

再次,需要加强企业管理。企业需要建立完善的隐私保护制度和流程,对员工进行培训,增强员工的信息安全意识。同时,还需要加强对企业内部数据的管理,严格控制内部员工的访问权限,防止内部员工盗取涉及个人隐私和安全的信息。

最后,需要加强社会宣传和教育。社会需要加强对大数据隐私和安全的宣传和教育,提高公众对大数据隐私和安全的认识,增强公众的信息安全意识。同时,还需要加强对大数据隐私和安全的研究和探索,探寻出全新的个人隐私保护路径。

综上所述,大数据隐私与安全是当前社会和经济发展的重要问题。需要采取一系列策略和方法来保护个人隐私和企业隐私的安全,包括加强法律法规的制定和实施、加强技术防护、加强企业管理以及加强社会宣传和教育。

第六章 | 可持续时尚服装市场营销策略与品牌建设

　　在当今社会,可持续发展已成为全球重要议题之一,在时尚服装行业也不例外。本章旨在探讨如何构建绿色品牌,以及通过目标市场定位策略、绿色营销系统的建立、消费者参与和品牌忠诚度的提高,实现可持续时尚服装的市场营销成功。同时,本章还将深入研究品牌危机管理与恢复策略,以应对可能出现的挑战和风险。本章的学术价值在于为可持续时尚服装市场提供了深刻的理论和实践探讨,有助于推动时尚行业向更加可持续和环保的方向发展。通过本章的研究,可以更好地理解如何在市场营销中融入可持续发展理念,为时尚品牌建设提供创新思路,并为其他行业的可持续发展提供有用的启示和指导。这将为学术界和实际应用领域带来重要的贡献,有望推动可持续时尚服装市场的可持续发展。

第一节　绿色品牌的建设与价值

　　随着全球对环境和可持续发展的关注,绿色品牌建设在时尚产业中越来越受重视。以下将探讨绿色品牌的定义、建设过程和其在市场上的价值。

一、绿色品牌的含义

　　绿色品牌是指那些致力于生态和社会责任的品牌,通过采用环保材料、公平贸易、可回收产品等方式,确保其生产和经营活动对环境和社会造成的影响最小。

　　绿色品牌在如今的时尚界日益引起了广泛的关注和重视。它们代表了一种积极的社会和环境责任,以可持续发展为基础,力求在时尚产业中推动更环保、公平和道德的做法。绿色品牌的内涵是多方面的,但可以总结为以下几个关键要素。

　　(1)生态友好材料和制造过程。绿色品牌注重使用环保材料,例如有机棉、再生纤维、可降解塑料等,以减少资源消耗和对环境的不良影响。制造过程也要尽量减少能源消耗和废弃物产生,采用可再生能源和有效的废物管理。

　　(2)社会责任和公平贸易。绿色品牌关心他们的供应链,确保工人获得公平待遇和安全工作条件。他们可能参与公平贸易倡议,以支持生产者和工人的生活改善。

　　(3)可持续循环。绿色品牌致力于设计和生产可持续的产品,这些产品可以在寿命结束后被回收、重复利用或分解,减少了垃圾和资源浪费。

　　(4)透明和道德。绿色品牌通常更加透明,向消费者提供有关他们的产品和生产过程的信息。他们可能通过第三方认证来验证他们的环保和社会责任承诺。

在可持续时尚服装领域,绿色品牌的重要性不可低估。随着人们对环保和社会责任的关注不断增加,消费者更倾向于支持那些采取可持续做法的品牌。这不仅有助于保护地球资源和减少污染,还推动了时尚产业朝着更可持续的未来发展。绿色品牌的出现促使其他时尚品牌也开始审视和改进他们的生产和供应链做法,以适应不断变化的消费者需求和全球可持续发展的要求。

总之,绿色品牌在时尚界的定义涵盖了环保、社会责任、可持续循环和透明度等多个方面。它们在可持续时尚服装领域的崛起是对环境和社会问题的积极回应,推动了时尚产业朝着更加可持续和道德的方向前进。随着消费者的意识不断提高,绿色品牌将继续在时尚市场中发挥关键作用,推动行业的改革和创新。

二、绿色品牌的建设过程

绿色品牌的建设过程是一个复杂而综合的过程,需要品牌在多个方面采取积极的举措,以确保其产品和运营都符合可持续发展的原则。以下是绿色品牌建设的详细过程。

(1)明确可持续愿景和价值观。绿色品牌的建设首先需要明确可持续愿景和核心。品牌需要明确自己在可持续时尚服装领域的定位,以及其对环境和社会的承诺。这个步骤包括确定品牌的使命、愿景、价值观和道德准则。

(2)可持续材料和供应链管理。绿色品牌需要选择可持续的材料,如有机棉、再生纤维、回收材料等,以减少对资源的依赖和环境的负面影响。同时,他们需要管理供应链,确保生产过程符合环保和社会责任标准,包括工人权益和工作条件的改善。

(3)产品设计和创新。绿色品牌注重产品设计,以确保其产品具有可持续性。这可能包括延长产品寿命、设计多功能产品、采用可回收材料等。品牌还可以不断创新,推出新的可持续时尚概念,如租赁、二手交易或服装租赁服务。

(4)生产和制造。绿色品牌需要选择具备可持续制造能力的合作伙伴,确保产品生产过程不会对环境产生不利影响。他们可能会采用节能技术、减少废弃物和化学品使用,以降低生产的环境足迹。

（5）认证和透明度。品牌可以通过获得可持续认证来证明其可持续性，如 GOTS（全球有机纺织标准）或 Fair Trade（公平贸易）认证。此外，品牌需要提供透明度，向消费者提供关于产品和供应链的信息，使消费者能够做出明智的购买决策。

（6）市场传播和消费者教育。绿色品牌需要积极宣传自己的可持续价值观，并教育消费者有关可持续时尚的重要性。他们可以通过社交媒体、品牌网站、可持续时尚活动和合作伙伴关系来传达这一信息。

（7）持续改进和创新。绿色品牌的建设是一个持续的过程，需要不断改进和创新。品牌应定期评估其可持续性绩效，寻找改进的机会，并与其他可持续时尚品牌和组织合作，分享最佳实践。

总之，建设绿色品牌是一个全面而复杂的过程，需要品牌在多个领域采取积极的措施，包括可持续材料选择、供应链管理、产品设计、生产制造、认证和透明度、市场传播、消费者教育等。这个过程需要坚定的承诺和长期的努力，但可以为品牌带来更广泛的市场认可和可持续的业务增长。绿色品牌的建设不仅有助于保护环境，还推动了可持续时尚的发展，引领时尚产业朝着更加可持续和道德的方向前进。

三、绿色品牌的价值

绿色品牌在可持续时尚服装设计领域具有巨大的价值，这一价值涵盖了多个层面，从环境保护到社会责任和商业机会都有所体现。以下是关于绿色品牌的价值的具体表现。

（1）环境保护。绿色品牌的最明显价值之一是对环境的积极影响。这些品牌通常采用环保材料和生产技术，减少了对自然资源的依赖，降低了污染和废弃物的产生。他们也倡导可持续的生产和消费模式，帮助减少了快速时尚带来的环境问题，如水污染、能源浪费和大规模垃圾填埋。

（2）社会责任。绿色品牌关心供应链中的工人和生产者，确保他们获得公平待遇和安全的工作条件。这有助于提高工人的生活质量，减少不道德和剥削性做法的传播。绿色品牌通常参与公平贸易和社会责任倡议，积极回馈社会，支持社区发展。

（3）可持续消费教育。绿色品牌不仅提供可持续时尚产品，还教育消费者有关可持续消费的重要性。他们强调质量而非数量，鼓励消费者购买持久耐用的服装,降低浪费。这种教育有助于消费者更加理解时尚产业对环境和社会的影响,并培养可持续的购物习惯。

（4）商业机会。绿色品牌在可持续时尚市场中具有竞争优势。消费者越来越关注可持续性,他们更愿意购买具有绿色认证的产品。这为绿色品牌创造了商业机会,可以吸引更多的客户,增加销售额,并加强市场地位。

（5）品牌忠诚度和声誉。绿色品牌的可持续做法有助于建立品牌忠诚度。消费者更愿意与那些积极参与可持续发展的品牌建立联系,并支持他们的使命。同时,这也有助于提高品牌声誉,为品牌带来更多的正面媒体曝光和口碑。

（6）可持续创新设计。绿色品牌鼓励创新和可持续设计。这鼓励了时尚设计师寻找更环保的材料和生产方法,推动了可持续时尚的发展。这种创新有助于培养时尚设计师的创造力,并为未来的时尚趋势提供了灵感。

（7）降低风险。绿色品牌通过遵循环保和社会责任规范,降低了法律和声誉风险。违反环保法规或社会责任标准可能会导致严重的法律后果,如罚款或诉讼。此外,媒体和消费者对不道德的商业做法越来越敏感,声誉风险也在不断增加。绿色品牌通过确保他们的生产和供应链符合法规和伦理标准,降低了这些风险,有助于维护其声誉和可持续的商业运营。

（8）节省成本。长期来看,采用绿色和可持续的做法可以帮助企业节省成本。首先,通过减少资源消耗,如能源、水和原材料,企业可以降低采购和生产成本。其次,采用可持续生产技术和流程可以减少废物产生,降低废物处理和处置成本。此外,通过提高生产效率和减少运输距离,企业还可以降低运营成本。虽然在短期内可能需要一些投资来改善生产流程和采购可持续材料,但这些投资通常会在长期内产生回报,为企业带来节省成本的机会。

总之,绿色品牌在可持续时尚服装设计领域的价值是多维的。它们不仅有助于保护环境和改善社会责任,还为商业机会、品牌声誉、创新和可持续消费教育提供了机会。随着消费者对可持续性的关注不断增加,绿色品牌的价值将继续在时尚产业中发挥关键作用,推动整个行业朝着更加可持续和道德的方向前进。绿色品牌建设不仅仅是一个市场策略,更是企业对环境和社会的责任。对于时尚品牌来说,致力于可持续性不仅可以增加品牌的市场价值,还可以为全球的可持续发展作出贡献。

第二节　目标市场与定位策略

一、营销目标市场分析

随着全球对气候变化和环境问题的日益关注,可持续时尚已经逐渐从边缘趋向主流。为了更有效地将这种设计理念传达给正确的消费者,理解目标市场至关重要。以下是关于可持续时尚服装营销的目标市场的分析。

(一)地域性分析

1.发达国家与城市

（1）发达国家市场

欧洲一直以来都是可持续时尚的先锋。瑞典品牌 H&M 的子品牌 COS（Collection of Style）就是一个例子,它专注于可持续时尚并在欧洲市场获得了成功。COS 致力于使用环保材料,提供高品质的服装,受到了欧洲城市居民的欢迎。

美国和加拿大的大城市,如纽约、洛杉矶、多伦多,对可持续时尚品牌的需求也在不断增加。Everlane 是一个美国品牌,以透明的供应链和可持续生产流程而闻名,吸引了来自城市的消费者。

澳大利亚的城市,如悉尼和墨尔本,也成为可持续时尚的热门市场。澳大利亚品牌 Outland Denim 就以其可持续的牛仔裤而闻名,这些裤子以可追溯的材料和社会责任制造而著称。

（2）城市市场

纽约市是全球时尚之都之一,也是可持续时尚的重要市场。品牌如 Eileen Fisher,致力于使用有机材料和回收纤维,积极吸引城市居民。

伦敦是欧洲时尚创新的中心之一，也在可持续时尚方面取得了进展。Stella McCartney 是一位知名的可持续时尚设计师，她的品牌以环保和可持续性为重点。

澳大利亚的悉尼市拥有繁荣的可持续时尚社区，品牌如 KitX 便是一个例子，他们使用天然纤维和可回收材料制造时尚服装。

可持续时尚品牌在这些地区的市场受欢迎程度不断增加，因为消费者对环保和社会责任的意识提高，愿意为具有这些价值观的品牌支付溢价。地域性分析有助于品牌更好地定位目标市场，制定相关营销策略，以满足不同地区和城市的需求。

2. 新兴市场

这类国家如中国、印度和巴西等，由于中产阶级的崛起和对环境问题的日益关注，可持续时尚也开始受到关注。这些新兴市场为可持续时尚品牌提供了巨大的机会。

（1）中国市场

Li-Ning（李宁）：中国体育品牌 Li-Ning 开始关注可持续时尚。他们推出了"李宁可持续发展计划"，承诺采用更环保的材料和生产方法。这一努力使他们在中国市场更受欢迎，特别是年轻一代消费者。

YCloset（衣二三）：YCloset 是中国的共享时尚租赁平台，也注重可持续性。他们提供租赁服装，减少了快速时尚对环境的影响，同时教育消费者可持续时尚的理念。

（2）印度市场

Anita Dongre：印度设计师 Anita Dongre 将可持续时尚融入了她的品牌。她使用有机棉和天然染料，支持印度农民和手工艺者，致力于保护传统工艺和环境。

Liva（印度雷薇）：Liva 是印度 Aditya Birla 集团的品牌，他们生产可持续的纤维，如可再生木浆纤维。他们的可持续材料供应给印度和全球的时尚品牌。

（3）巴西市场

Osklen（奥斯科伦）：巴西品牌 Osklen 是可持续时尚的倡导者，他们使用可回收材料、有机棉和可持续的制造流程。品牌的可持续性理念在巴西市场获得了广泛认可。

Natura（娜图拉）：虽然不是时尚品牌，但巴西的 Natura 是一个以可持续和天然护肤品闻名的公司。他们的可持续价值观吸引了许多巴西消费者，也涉足时尚领域。

这些例子表明，新兴市场的中产阶级消费者对可持续时尚越来越感兴趣，这为品牌提供了机会，通过提供环保和社会责任的产品，满足这一市场的需求。这些市场的增长速度和消费者的关注度不断提高，使可持续时尚在全球范围内蓬勃发展。

（二）人群细分

1. 环境活动者

环境活动者是可持续时尚品牌的重要目标市场，因为他们深刻理解地球的脆弱性和气候变化带来的威胁，愿意在日常生活中积极寻求可持续的替代品，而且更有可能为此支付溢价。为了吸引这一人群，可持续时尚品牌需要采取一系列营销策略，以下是一些品牌的分析。

（1）教育和意识提升：The North Face（北面），这个户外服装品牌不仅提供高质量的户外装备，还通过其"探险指南"计划教育消费者有关环保和户外保护的知识。他们的网站和社交媒体平台上发布可持续冒险故事和教育内容，吸引了环境活动者。

（2）透明度和可追溯性：Everlane 是一家美国时尚品牌，以提供透明的供应链和可持续的基本款服装而闻名。他们的网站上详细列出了每个产品的生产成本和材料来源，让消费者了解他们的购物决策对环境的影响。

（3）社会和环保使命：EILEEN FISHER（艾琳·费舍尔），这个美国时尚品牌注重可持续性，并且积极推动社会和环保使命。他们建立了"艾琳·费舍尔社会意义学院"，推动可持续时尚的教育和研究。这种社会责任立场吸引了环境活动者的支持。

（4）产品设计与材料选择：Reformation（改革），这个美国品牌专注于可持续时尚，他们使用环保材料和生产技术，同时设计时尚的女性服装。他们的产品符合环境活动者的价值观，即不仅要可持续，还要时尚。

（5）社交媒体和社区建设：Pact（派克特），这个品牌通过社交媒体活跃地与消费者互动,建立了一个致力于可持续时尚的社区。他们分享可持续时尚的贴士、故事和最新动态,与环境活动者建立了紧密的联系。

这些品牌通过不同方式吸引环境活动者并与之互动,包括教育、透明度、社会使命、产品设计和社交媒体建设。这些策略有助于建立品牌与环境活动者之间的共鸣和信任,从而促使他们选择可持续时尚产品。

2. 年轻一代

随着教育水平的提高和对环境问题的教育,许多年轻人已经开始对可持续时尚产生兴趣。他们热衷于通过社交媒体分享自己的选择,并影响周围的人。

当下,年轻一代消费者在可持续时尚领域的兴趣和影响力不断增强。他们追求更具道德和环保意识的购物选择,愿意为可持续时尚支付溢价,并通过社交媒体传播他们的选择和价值观。以下是一些目标市场的分析。

(1)社交媒体的力量。年轻一代是社交媒体的积极用户,他们在小红书、抖音、微博等平台上分享他们的生活和购物经验。因此,品牌应该积极利用社交媒体,通过有吸引力的内容和品牌故事来吸引他们的关注。与社交媒体上的时尚博主和网红合作也可以提高品牌的可见性。

(2)透明度和可追溯性。年轻一代消费者对产品的来源和制造过程非常关心。品牌应该提供关于材料来源、生产过程和劳工条件的透明信息,以建立信任。一些品牌使用区块链技术来追踪产品的制造过程,确保产品的可持续性。

(3)可持续性教育。品牌可以通过教育和宣传活动帮助年轻一代消费者更深入地理解可持续时尚的概念。这包括提供关于可持续材料的信息、环保实践和购物决策的建议。通过提供有价值的信息,品牌可以建立与年轻一代消费者之间的联系。

(4)多元化和包容性。年轻一代强调多元化和包容性。他们希望看到各种各样的人在品牌的宣传和广告中出现,而不仅仅是特定的身材、种族或性别。品牌应该反映这种多元化,并确保他们的广告和宣传活动具有包容性。

(5)可持续时尚活动。品牌可以组织可持续时尚活动,吸引年轻一代的参与。这可以包括时装展览、可持续时尚论坛、环保倡导活动等。通过参与这些活动，年轻一代消费者可以更深入地了解可持续时尚，并与志同道合的人建立联系。

（6）社会责任和慈善。年轻一代消费者对品牌的社会责任感兴趣。许多品牌与环保组织合作或捐赠部分收入给慈善机构，这可以吸引这一消费群体。例如，品牌可以承诺每售出一件服装就植树或捐助给环保组织。

3. 中高收入群体

一些可持续材料和生产方法的成本较高，因此可持续时尚往往价格较高。因此，中高收入群体成为重要的目标市场，因为他们既有支付能力，也可能对品质和可持续性进行价值判断。关于中高收入群体的目标市场分析如下所示。

（1）品质至上。中高收入群体通常愿意为高品质的产品支付溢价。可持续时尚品牌应该注重产品的质量和工艺，确保每件服装都符合高标准。这包括使用持久的材料和制造方法，以确保产品的寿命长，不易损坏。

（2）独特性和设计。中高收入群体对独特和精心设计的产品有较高的兴趣。品牌应该注重创新和独特性，以在竞争激烈的市场中脱颖而出。设计师可以探索新材料、创新的款式和独特的细节，以吸引这一消费群体。

（3）可持续性认证。中高收入群体往往更加关注可持续性认证。品牌可以寻求认证，如全球有机纺织品标准（GOTS）或蓝天使认证，以证明他们的产品符合环保和社会责任标准。这些认证可以增强消费者对品牌的信任。

（4）个性化服务。中高收入群体通常更愿意与品牌建立个性化的关系。品牌可以提供定制服务，例如定制款式、个性化的颜色选择或尺寸调整，以满足客户的特殊需求。

（5）限量版和独家合作。中高收入群体喜欢独特的购物体验。品牌可以推出限量版系列或与知名设计师、艺术家或名人合作，以创造独家的产品，从而吸引这一消费群体的兴趣。

通过满足中高收入群体的需求和价值观，可持续时尚品牌可以建立忠实的客户群体,实现可持续发展并在市场上取得成功。这一群体的购买力和对品质的要求使其成为可持续时尚行业的关键推动力。

(三)文化与价值观分析

1.文化差异

在某些文化中,修补和重复使用物品被视为一种美德,而在其他文化中,新的和时尚的东西更受欢迎。理解这些文化差异对于品牌在不同市场中的定位和策略至关重要。

(1)修补和重复使用的文化价值。在一些文化中,修补和重复使用物品被视为一种美德。这些文化强调节俭、资源节约和环保。人们可能会将服装维护得非常好,修复损坏的部分,以延长服装的寿命。品牌可以通过提供易于修复的服装或倡导可持续时尚的价值观来吸引这些文化中的消费者。

(2)新颖和时尚的文化价值。在其他文化中,追求新颖和时尚的东西更受欢迎。人们可能更倾向于购买最新款的服装,不太愿意修复或重复使用旧的服装。在这种情况下,可持续时尚品牌需要以创新、独特性和时尚性为卖点,以吸引这一市场。

(3)传统文化价值观。一些文化拥有深厚的传统和文化价值观,这些价值观可能与可持续时尚相契合。例如,一些亚洲文化强调平衡、自然和可持续性。在这些文化中,可持续时尚可以与传统价值观融合,形成有吸引力的品牌形象。

(4)宗教影响。不同的宗教信仰可以塑造人们的消费和服装选择。例如,一些宗教要求谦逊和朴素,这可能会影响服装的选择。在这种情况下,可持续时尚品牌可以通过提供谦逊、高质量且环保的服装来吸引有宗教信仰的消费者。

(5)地域文化差异。不同地区和国家拥有独特的文化、传统和价值观。品牌需要根据不同市场的文化差异来制定定位和营销策略。例如,一些市场可能更注重家庭价值观,而其他市场可能更注重个体主义和自由。了解这些文化和价值观的差异有助于品牌更好地满足不同市场的需求。

以 Nike 为例，该品牌在不同国家和文化中的营销策略有所不同。在美国，他们强调个体主义、运动精神和时尚性，而在中国市场，他们更注重家庭价值观、团结和传统文化。这种文化差异反映在他们的广告和产品设计中，以更好地迎合不同市场的文化和价值观。

2. 价值观

随着全球对健康、福祉和环境的关注增加，人们的价值观也在发生变化。许多消费者现在更重视品牌的道德和价值观，并愿意支持那些与他们的价值观一致的品牌。

（1）健康和福祉价值观。随着人们对健康和福祉的关注不断增加，消费者越来越关心他们的服装对健康的影响。他们可能会寻找不含有害化学物质的可持续时尚服装，这些服装对皮肤友好，不引发过敏反应。可持续时尚品牌可以强调他们的材料和生产过程的健康利益，以吸引这一价值观的消费者。

（2）环境保护价值观。许多消费者对环境问题非常关注，他们希望减少自己的生活方式对地球的负面影响。这一价值观的消费者可能会寻找使用环保材料、能源高效和可回收的可持续时尚品牌。品牌可以通过强调他们的环保实践和材料选择来吸引这一消费者群体。

（3）社会责任和公平贸易价值观。消费者越来越关心服装背后的供应链和劳工条件。他们希望支持那些采取社会责任行动、提供公平工资和改善劳工条件的品牌。可持续时尚品牌可以通过展示他们的供应链透明度和社会责任计划来赢得这一价值观的消费者。

（4）长期价值观。与快时尚的短暂性和快速更替相对，一些消费者更重视长期价值。他们希望购买高质量且经久耐用的服装，而不是频繁购买廉价服装。可持续时尚品牌可以强调他们的产品质量和耐用性，以吸引这一价值观的消费者。

（5）自我表达和个性化价值观。一些消费者通过服装来表达自己的个性和价值观。他们寻找独特、具有创新性且与众不同的服装。可持续时尚品牌可以通过提供创新设计、个性化选项和定制服务来满足这一需求。

（6）教育和认知价值观。越来越多的消费者通过教育和认知活动来了解时尚产业的问题，包括环境和社会责任。这一价值观的消费者可能会更倾向于购买他们认为符合道德和环保标准的品牌。品牌可以通过教育和信息传达来吸引这一消费者群体,帮助他们更好地理解可持续时尚的重要性。

例如,一个以环保和社会责任为核心的可持续时尚品牌。他们致力于减少对环境的影响,并在产品标签上提供透明的信息。这一价值观吸引了拥抱环保和社会责任的消费者,使该品牌成为了可持续时尚领域的标志性品牌。通过将品牌的价值观与产品和行动一致,该品牌取得了商业和道德的成功。

总之,要成功地进入并在可持续时尚市场中立足,品牌需要深入了解其目标市场的地域、人群、文化价值观等多方面的特点。这不仅有助于品牌制定正确的市场策略,还有助于确保其可持续性理念被正确和有效地传达给消费者。

二、营销的定位策略

对于可持续时尚品牌来说,定位不仅仅是关乎产品或市场的,更是关乎如何在消费者心中建立一个深刻、持久且有意义的印象。通过采用下述策略,品牌可以在竞争日益激烈的市场中脱颖而出,实现真正的可持续发展。

(一)心智地图的建立

品牌需要在消费者的心智中占据一个独特的位置。这意味着品牌不仅要被认为是"绿色的",还需要与某种情感、记忆或体验紧密相连。

例如 Li-Ning 的可持续时尚定位:

背景:Li-Ning 是一家中国知名的体育用品和运动服装品牌。品牌的传统焦点一直在运动和运动表现上,但随着可持续时尚的兴起,他们决定扩大其产品线,推出了可持续时尚系列。

心智地图建立:Li-Ning 采取了一种巧妙的策略,将其可持续时尚系列与中国传统文化紧密联系起来。他们在设计中融入了中国传统的元素,如汉服和传统花纹。通过这种方式,他们试图在消费者心中建立一个独特的位置,将可持续时尚与中国传统文化情感紧密相连。

情感联系:Li-Ning 的广告和宣传活动强调了中国文化的价值观,

如尊重自然、和谐、可持续。他们将可持续时尚与这些价值观联系起来，强调他们的产品是一种对环境友好的选择，同时也是对中国传统价值观的尊重。

分析：Li-Ning 的定位策略成功地在消费者的心中建立了一个独特的位置。他们不仅仅是一个可持续时尚品牌，还与中国传统文化和价值观有深刻的情感联系。这使得他们在竞争激烈的市场中脱颖而出，吸引了那些注重可持续性和传统文化的消费者。通过建立这样的心智地图，Li-Ning 成功地将可持续时尚与情感体验紧密相连，从而取得了市场份额的增长。

该案例强调了在可持续时尚市场中，品牌需要超越产品本身，与消费者的情感和文化价值观建立联系，以在竞争激烈的市场中脱颖而出。

（二）从本地文化中寻找灵感

在可持续时尚服装市场营销中，将本地文化和传统融入产品和品牌故事是一种有效的定位策略。这种方法有助于品牌在全球市场中建立独特性，吸引那些寻求与本地文化有深刻联系的消费者。

例如最近几年崛起的 Anta，它的本土文化定位：

背景：Anta 是中国最近几年崛起的体育用品和运动服装品牌之一。面对全球竞争，他们决定利用本土文化元素来巩固其在中国市场的地位。

从本地文化中寻找灵感：Anta 开始从中国本土文化中寻找灵感，将这些元素融入他们的产品和品牌故事中。他们推出了一系列以中国传统文化为主题的运动鞋和服装，如中国传统绘画和民间艺术等。

独特性：通过强调本土文化元素，Anta 在市场上建立了独特性。他们的产品不仅仅是运动装备，还承载着中国传统文化的元素，这吸引了那些对本地文化有浓厚兴趣的消费者。

分析：Anta 的本土文化定位策略取得了成功。他们通过将中国传统文化元素融入产品和品牌故事中，建立了与消费者的情感联系。这使得他们在中国市场中不仅仅是一个体育用品品牌，而是一个强调本地文化价值观的品牌。这种独特性有助于 Anta 在全球市场中脱颖而出，吸引了那些对中国文化感兴趣的消费者。

该案例突显了将本地文化和传统融入可持续时尚服装市场营销中的有效性。品牌可以从本地文化中汲取灵感,以建立独特性,加强情感联系,吸引目标消费者,并在竞争激烈的市场中获得成功。

(三)与艺术和设计社区建立合作

通过与当地的艺术家和设计师合作,品牌可以为其产品赋予新的意义和价值,使其更具吸引力。在可持续时尚服装市场营销中,与艺术和设计社区建立合作是一种重要的定位策略。通过这种合作,品牌可以为其产品赋予独特的创意和审美价值,同时吸引与艺术和设计有关的消费者。

例如 OMNIALUO × 艺术家合作:

背景:OMNIALUO 是一家中国的可持续时尚服装品牌,致力于生产环保、高品质的服装。他们决定与当地艺术家合作,以为其产品注入艺术元素。

与艺术家合作:OMNIALUO 邀请了中国知名的艺术家与他们合作,为其服装系列设计独特的图案和印花。这些图案不仅与可持续主题相关,还展现了艺术家的独特创意。

独特性:通过与艺术家合作,OMNIALUO 的产品在市场上建立了独特性。他们的服装不仅仅是时尚的,还融入了艺术和设计元素,吸引了那些对艺术有浓厚兴趣的消费者。

故事背后的意义:OMNIALUO 还与艺术家分享他们的可持续价值观和使命。这不仅赋予了产品新的意义,还建立了与消费者之间的情感联系。消费者可以理解品牌背后的故事和价值观,这增强了他们对品牌的忠诚度。

分析:OMNIALUO 的与艺术和设计社区的合作是一个成功的定位策略。通过将艺术元素融入产品中,他们建立了与消费者的情感联系,吸引了那些对艺术和设计有浓厚兴趣的消费者。这种合作不仅仅赋予了产品新的创意和审美价值,还有助于品牌在市场上脱颖而出,树立了可持续时尚的形象。

该案例突显了与艺术和设计社区合作的价值。品牌可以通过与当地艺术家和设计师建立合作关系,为其产品注入创意和艺术元素,从而在市场上建立独特性,吸引目标消费者,同时传递品牌的价值观和使命。

(四)强化顾客参与感

可持续时尚服装市场营销的定位策略中,强化顾客参与感是一种非常重要的方式。通过让消费者亲身参与可持续生产过程,品牌可以增强他们与品牌之间的情感连接,提高顾客忠诚度。

例如 H&M Conscious Collection 的可持续工作坊:

背景:H&M 是全球知名的时尚品牌之一,也致力于可持续时尚。他们的 Conscious Collection 是一个注重可持续性的产品系列。

可持续工作坊:为了强化顾客参与感,H&M 举办了可持续工作坊。在这些工作坊中,消费者可以亲自体验可持续生产过程。他们可以了解有关环保材料的信息,参观可持续生产工厂,还可以亲自参与一些可持续时尚的生产环节。

情感连接:这些工作坊不仅仅让消费者了解了 H&M 的可持续时尚努力,还让他们亲身参与其中。这种参与感强化了消费者与品牌之间的情感连接。他们不再仅仅是购买者,而是品牌可持续使命的支持者。

分析:H&M 的可持续工作坊是一个成功的例子,展示了如何通过强化顾客参与感来增强品牌与消费者之间的情感连接。这种亲身参与可持续生产过程的机会不仅仅让消费者了解品牌的可持续性,还让他们成为品牌使命的一部分。这种情感连接有助于提高顾客忠诚度,使他们更有可能成为品牌的长期支持者。

该案例强调了品牌强化顾客参与感的重要性。通过开展工作坊、研讨会等活动,让消费者亲身参与可持续生产过程,可以深化他们对品牌的认知,建立情感连接,提高品牌忠诚度,从而在可持续时尚市场中取得竞争优势。

(五)强化后购买服务

通过提供如何维护和修复产品的建议、开展回收和再利用项目等,品牌不仅可以延长产品的使用寿命,还可以进一步强化其可持续承诺。

当谈到中国的可持续时尚品牌时,可以提到杭州的服装品牌

NEIWAI（内外）。NEIWAI 是一家专注于内衣和休闲服装的品牌，以其可持续的生产方式和关注社会责任而闻名。

背景：NEIWAI 致力于生产高品质的内衣和休闲服装，同时关注环境和社会责任。他们采取了一系列措施，以减少对环境的不良影响。

强化后购买服务：NEIWAI 推出了"NEIWAI 再生箱"项目，鼓励顾客将旧的 NEIWAI 内衣和服装寄回，无论是否有瑕疵，以便进行再循环和再制造。这些服装可以被回收并用于制造新的产品，从而减少了资源浪费。

效果：这一项目取得了良好的反响。首先，NEIWAI 的顾客可以通过参与回收计划来积极参与可持续性，减少废弃服装的数量，同时也享受到购物奖励。其次，该项目有助于降低生产过程中的资源消耗与品牌的环境足迹。这不仅提高了顾客的满意度，还加强了他们对 NEIWAI 品牌的忠诚度。

分析：NEIWAI 的案例强调了品牌如何通过回收和再制造的后购买服务来强化其可持续性承诺。这一策略有助于减少废弃物量，提高资源利用率，同时也增强了品牌的可持续性形象。这对于吸引越来越关注可持续性的消费者来说是一个强有力的卖点，并有助于推动可持续时尚市场的增长。

第三节　绿色营销系统与影响

可持续时尚服装绿色营销系统是一个多层次、多维度的系统，它以企业利益、消费者利益和环境保护利益为基础，进行产品和服务的构思、设计、销售和制造。该系统可以从以下几个核心组成部分和外部影响因素来详细分析。

一、绿色营销系统构成

(一)绿色营销决策子系统

绿色营销决策子系统是可持续时尚企业成功实施绿色营销策略的核心,它包括以下几个关键要素。

1. 树立绿色营销观念

在现代社会,绿色营销不再只是一种选项,而是一项必要的战略。可持续时尚企业需要在内部员工中树立可持续发展和绿色营销的思想观念。这意味着员工需要深刻理解企业的可持续使命和价值观,将其融入工作中。例如,H&M 是一个积极推动可持续时尚的品牌之一,他们在员工培训中强调了可持续发展的重要性,使员工能够在日常工作中积极推动可持续时尚的实践。再如,Exception(例外)是一家中国品牌,它积极采用环保材料并鼓励消费者对服装进行长时间的使用,而不是频繁更换。

2. 收集整理绿色信息

了解行业内外的绿色趋势和相关法律法规是制定绿色营销策略的关键一步。企业需要不断收集和整理关于可持续时尚的信息,以保持竞争力。举例来说,Nike 致力于减少碳排放,因此他们不仅密切关注全球气候变化的科学数据,还积极参与国际气候协议的倡导工作,以确保他们的绿色营销计划与国际标准保持一致。再如波司登是一个中国知名的服装品牌,专注于冬季羽绒服生产。为了提高其产品的可持续性,波司登不仅关注了关于可持续材料的最新研究和发展,还积极采纳绿色生产技术,如水基环保染色技术和无氟环保面料。此外,他们还与环保组织合作,致力于保护雁鸭类、鸟类,确保其羽绒采集过程中不伤害动物。这些努力都表明波司登在收集和应用绿色信息方面的决心。

3.制订绿色营销计划

一旦企业具备了绿色营销的基础观念和信息支持,就需要制订详细的绿色营销计划。这个计划需要与企业的发展目标相一致,并明确企业在营销过程中的环保努力方向和目标。例如"柒牌"是一家中国知名的服装品牌,它推出了名为"绿行动"的计划,倡导消费者回收旧服装,并提供相应的奖励或折扣,鼓励消费者参与循环经济。此外,柒牌还积极采用可降解包装和环保材料,并对其生产线进行了绿色改造。这一系列的行动与柒牌的绿色发展目标相结合,成功塑造了其在市场上的绿色形象。

绿色营销决策子系统的成功实施需要企业在内部建立一个团队,专门负责可持续时尚的推广和营销。这个团队需要紧密合作,不断更新绿色营销策略,确保其与市场需求和消费者意愿保持一致。

总之,可持续时尚服装的绿色营销系统构成是一个综合性的体系,需要企业内部的全面参与和持续改进。通过树立绿色营销观念,收集整理绿色信息,制订绿色营销计划,企业可以在可持续时尚领域取得成功,并为社会和环境做出积极的贡献。这些策略和实例表明,可持续时尚已经成为行业的未来趋势,同时也为企业带来了商业成功的机会。

(二)绿色营销实施子系统

绿色营销的实施子系统是将可持续时尚理念付诸实践的核心。这个子系统包括以下重要因素。

1.获取国际通行的绿色标识

为了证明企业的环保责任和实力,获取国际通行的绿色标识至关重要。这些标识可以是 ISO 14001 认证、GOTS(有机纺织品标准)或其他相关的环保认证。举例来说,英国时尚品牌 Burberry 就获得了 Carbon Trust 认证,这是一个国际公认的低碳认证标志,它证明了该品牌在减少碳足迹方面的承诺和实际成绩。这一认证不仅增强了品牌的环保信誉,还吸引了更多支持可持续时尚的消费者。

2. 推行绿色市场营销组合

为确保可持续时尚产品在市场上具备竞争力,企业需要综合考虑绿色产品的设计开发、绿色价格的制订、绿色促销方式的选择和绿色渠道的建立。这些因素共同构成了绿色市场营销组合,下面将详细探讨每个要素。

（1）绿色产品的设计开发。可持续时尚服装的设计需要注重使用环保材料、降低能源消耗和减少废弃物产生。例如,Stella McCartney 是一位杰出的可持续时尚设计师,她以使用无皮草和无皮革的设计而闻名,她的品牌坚持使用环保材料,如有机棉和再生纤维。

（2）绿色价格的制订。绿色产品的价格制订需要考虑成本与可持续性之间的平衡。企业可以选择在可持续时尚市场中定价较高,以反映他们的环保投入,或者采取竞争性价格策略,以吸引更多消费者。例如,Eileen Fisher 是一家注重可持续时尚的品牌,他们的价格相对较高,但他们通过高品质和可持续性,吸引了一群忠实的消费者。

（3）绿色促销方式的选择。促销方式可以包括广告、社交媒体宣传、活动策划等。在可持续时尚领域,企业需要强调其环保理念和可持续实践,以吸引有同样价值观的消费者。例如,Adidas 推出了"Futurecraft Loop"跑鞋,该鞋款强调了可持续性,其宣传活动突出了鞋子的回收再利用特性。

（4）绿色渠道的建立。为了将绿色产品送达消费者手中,企业需要建立合适的销售渠道。这可以包括线下门店、电子商务平台、合作伙伴关系等。举例来说,美国品牌 Reformation 通过线上销售和线下门店相结合的方式,成功将可持续时尚产品推广到了全球市场。

绿色营销实施子系统的成功需要企业拥有跨部门的协作和创新能力。从产品设计到价格制订再到市场宣传,每个环节都需要紧密衔接,确保可持续时尚服装的环保特性得以最大程度地传达和实践。

综上所述,可持续时尚服装的绿色营销系统构成中的绿色营销实施子系统是关键的一环。通过获取国际通行的绿色标识,推行绿色市场营销组合,企业可以在市场中取得竞争优势,同时为可持续时尚作出积极的贡献。这些实施策略和例子证明,可持续时尚不仅仅是一种趋势,更是一种商业机会,有助于塑造品牌形象,吸引环保意识日益增强的消费者。

（三）绿色营销评估反馈子系统

在可持续时尚服装领域，成功的绿色营销不仅仅依赖于决策和实施，还需要一个坚实的绿色营销评估反馈子系统，以确保企业的可持续营销策略能够不断提高、适应市场变化并对环境产生积极影响。这个子系统包括以下重要因素。

1. 绿色营销绩效的评价

为了确保可持续时尚服装的绿色营销策略取得成功，企业需要建立绩效指标体系，用于评估绿色营销的效果。这些绩效指标应该涵盖多个方面，包括但不限于销售增长、品牌认知度提升、碳排放减少、资源利用效率等。通过这些指标，企业可以量化其绿色营销努力的影响，并了解其在可持续时尚市场中的地位。举例来说，中国品牌太平鸟在可持续时尚领域内做出了不少努力。他们推出的环保系列采用了循环利用的材料和可持续的生产过程。为了评估这些努力的效果，太平鸟制定了一系列的绩效指标，包括该环保系列的销售数据、与传统产品的销售对比，以及通过这些努力减少的碳排放量。这些数据不仅帮助太平鸟了解他们在可持续时尚市场上的地位，还为他们提供了进一步优化策略的依据。

2. 提供绿色营销计划的调整方案

评估结果应该为企业提供反馈和改进意见，以优化其绿色营销计划。这意味着企业需要能够灵活地调整策略，以应对市场变化和消费者需求的变化。例如，Nike的"Move to Zero"计划旨在减少碳排放和垃圾产生，他们根据不断的评估结果调整了供应链、材料选择和产品设计，以更好地实现其可持续目标。

这个子系统还包括与消费者互动的关键部分。企业需要倾听消费者的反馈，了解他们的期望和需求，以确保绿色产品和营销策略与市场保持一致。例如，可持续时尚品牌Everlane通过定期与消费者进行对话，了解他们的偏好，从而调整产品线和宣传策略，满足消费者的期望。

在评估和反馈子系统中，数据分析和技术的应用是至关重要的。企业需要使用数据来量化绿色营销策略的影响,并借助先进的技术来跟踪环保指标。例如,一些品牌使用区块链技术来追踪供应链中的可持续性数据,确保材料的来源和生产过程都符合绿色标准。

总之,绿色营销评估反馈子系统是可持续时尚服装绿色营销系统构成的重要组成部分。通过建立绩效指标、提供改进方案和积极倾听消费者反馈,企业可以不断提高其绿色营销策略的有效性,为可持续时尚领域的成功作出贡献。这些实施策略和例子表明,可持续时尚不仅是一种商业机会,还可以为环境和社会带来积极的影响。

二、绿色营销的外部环境影响

(一)经济环境

经济环境在塑造可持续时尚服装行业的发展方向和企业绿色营销策略方面起着至关重要的作用。随着全球经济的不断发展和转变,以下是一些关于经济环境如何影响可持续时尚服装绿色营销的详细分析。

1.资源稀缺性和成本压力

随着人口的不断增加和资源稀缺性的加剧,原材料的价格逐渐上涨。这对时尚产业造成了挑战,特别是那些依赖于大量纺织材料的品牌。因此,许多时尚企业不得不重新思考其生产和供应链模式,以减少资源浪费和成本。这种经济压力迫使企业更加重视绿色材料和生产方法的采用。

例如,Uniqlo,一家国际知名的时尚品牌,已经采取了多项措施来应对资源稀缺性和成本压力。他们投资研发环保材料,如 HEATTECH 系列,该系列服装采用了可循环利用的纤维,旨在提供更好的保暖效果。这不仅降低了原材料成本,还减少了资源浪费。

2.消费者需求的变化

随着经济发展,消费者对产品的需求也发生了变化。越来越多的人关注产品的可持续性和环保性,愿意为具有绿色认证的服装支付更高的价格。这一趋势对时尚品牌构建可持续形象产生了积极影响,同时也激发了企业在绿色营销方面的创新。

例如,中国的 Li-Ning(李宁)是一家知名的体育用品和时尚品牌,他们已经认识到消费者对可持续性的关注。因此,Li-Ning 推出了"Li-Ning Green"系列,该系列使用环保材料和制造工艺,致力于减少碳足迹。这一系列不仅在市场上获得了成功,还提升了品牌的可持续性形象。

3. 绿色投资和政策支持

许多国家和地区开始鼓励可持续时尚的发展,通过提供绿色投资和政策支持来推动这一产业。这些政策鼓励企业采用更环保的生产方法,鼓励绿色创新,并为可持续时尚品牌提供了市场竞争的优势。

例如,中国政府出台了一系列支持可持续时尚的政策,包括减少环境污染和资源浪费的举措。这些政策为可持续时尚企业提供了在市场上发展的机会,例如通过减少税收和提供补贴。这些政策创造了有利的经济环境,鼓励更多企业加入可持续时尚领域。

综上所述,经济环境在塑造可持续时尚服装行业的未来方向上发挥着至关重要的作用。资源稀缺性、消费者需求的变化以及政府支持都在推动企业采取绿色营销策略,以适应经济环境的变化。这些因素共同促使可持续时尚成为一个充满商业机会的领域,同时为环境和社会可持续性作出了积极的贡献。

(二)技术环境

技术环境在可持续时尚服装行业中发挥着至关重要的作用。随着技术的不断发展,新材料和新技术的引入为企业提供了巨大的机会,使其能够更有效地实施绿色营销策略,降低生产成本,提高产品的可持续性。

1. 可持续材料的创新

技术的进步推动了可持续材料的创新,为时尚产业提供了更多的环保选择。例如,生物可降解纤维、再生纤维和可回收纤维等新型材料的开发使得可持续时尚品牌能够制造更环保的产品。这些材料不仅减少了资源的浪费,还有助于减少对环境的不良影响。

例如,Stella McCartney,一位著名的可持续时尚设计师,积极使用再生纤维和生物可降解材料来制造她的服装。她的品牌使用可持续材料如有机棉、Tencel和蘑菇皮革,减少了对自然资源的依赖,同时提供了高质量的时尚产品。

2. 生产工艺的改进

先进的生产工艺和制造技术可以降低绿色产品的生产成本,提高生产效率。通过智能制造和数字化技术,时尚企业可以更精确地控制资源的使用,减少废弃物的产生,并提高产品的质量。这有助于确保可持续时尚产品的价格竞争力。

例如,Adidas推出了"Futurecraft Loop"跑鞋,采用3D打印技术,这种技术允许他们根据消费者的足型定制鞋子,减少了生产过程中的废料。这一创新性的制造方法不仅降低了成本,还为消费者提供了更舒适的个性化体验。

3. 可持续性数据的跟踪

技术环境也支持了可持续时尚品牌对其供应链的透明性和可追溯性的增强。区块链技术等新兴技术可以用于跟踪材料的来源、生产过程中的碳排放等可持续性数据。这有助于企业证明其产品的环保特性,同时也增加了消费者对品牌的信任。

例如,Loomia,一家科技公司,开发了一种智能面料,可以追踪服装的温度、湿度和活动水平等数据。这种面料可以用于制造可穿戴技术和智能服装,同时提供了更多的可持续性信息,帮助企业更好地传达其环保理念。

综上所述,技术环境在可持续时尚服装行业中发挥着关键的作用。通过可持续材料的创新、生产工艺的改进和可持续性数据的跟踪,企业能够更有效地实施绿色营销策略,降低生产成本,提高产品的可持续性。这些技术创新为可持续时尚行业提供了巨大的商机,同时也有助于推动可持续发展目标的实现。

（三）法律环境

法律环境在可持续时尚服装领域扮演着关键的角色。政府通过制定相关法律法规和标准，推动企业减少对环境的污染和破坏，鼓励企业开展绿色营销计划。以下是关于法律环境如何影响可持续时尚服装绿色营销的详细分析，以及真实案例来支持这些观点。

1.环保法规的制定

许多国家和地区已经制定了一系列环保法规，旨在限制工业污染、减少碳排放和保护自然资源。这些法规对于时尚产业至关重要，因为该产业涉及大量的生产和资源消耗。政府强制执行环保法规，迫使企业采取措施减少环境影响，这直接推动了绿色营销计划的制定和实施。

例如，我国政府实施的"绿色制造"政策鼓励制造业企业采用更环保的生产方法，限制污染物排放，提高资源利用效率。这对于时尚制造业产生了深远的影响，推动了一系列可持续性举措，包括绿色供应链管理和环保产品创新。

2.环保认证和标准

政府和国际组织发布了一系列环保认证和标准，以帮助企业证明其产品的环保性。这些认证和标准不仅有助于提高产品的可持续性，还为企业的绿色营销提供了有力的支持。获得环保认证的产品更容易赢得消费者的信任。

例如，OEKO-TEX是一个国际性的纺织品和皮革制品标准组织，他们颁发的"STANDARD 100"认证证明产品在安全和环保方面符合一系列标准。许多时尚品牌如 Zara 和 H&M 积极寻求这一认证，以证明其产品的可持续性和环保性。

3. 反仿冒和伪劣产品打击

法律环境还有助于打击可持续时尚领域的伪劣产品和侵权行为。通过知识产权法律和反仿冒法规,政府保护了可持续时尚品牌的创新成果,鼓励品牌继续投入可持续研发,并增加了绿色产品在市场上的竞争力。

例如,Lululemon Athletica,一家以瑜伽和健身服装著称的品牌,通过知识产权法律成功打击了多起侵权行为,保护了其特有的设计和技术。这种法律保护有助于激发品牌对可持续创新的投入,确保其绿色产品在市场上的独特性。

总的来说,法律环境在可持续时尚服装领域对于推动绿色营销至关重要。环保法规的制定、环保认证和标准的推广以及知识产权法律的保护都有助于推动企业开展可持续性举措,降低环境影响,提高产品的可持续性,并确保市场的公平竞争。这些法律和政策措施为可持续时尚的发展提供了坚实的法律基础,同时也为企业提供了在可持续营销领域的机会和责任。

(四)市场环境

市场环境对可持续时尚服装绿色营销体系具有深远的影响。消费者的需求、行业趋势和竞争情况都是企业绿色营销策略的重要考虑因素。

1. 消费者需求的演变

市场环境中最显著的影响之一是消费者对可持续时尚的需求不断增加。消费者越来越关心环保、社会责任和可持续性,他们更愿意购买符合这些价值观的产品。这一趋势鼓励时尚品牌推出更多的可持续产品线,并积极传播绿色营销信息。

例如,一个以户外服装和装备为主要产品的时装品牌,他们一直在积极响应消费者需求,推动可持续时尚。该品牌制定了"不要购买不必要的东西"的理念,鼓励消费者选择经久耐用的产品,同时他们还捐赠了大量的利润用于环保事业。这一积极的可持续举措赢得了众多消费者的支持。

2. 绿色市场竞争

随着可持续时尚的兴起,市场竞争变得更加激烈。越来越多的品牌加入到可持续时尚领域,争夺有限的市场份额。这迫使企业不断创新,提高产品质量,同时也促使他们更积极地推广自己的绿色营销策略。

例如,Everlane 是一家美国的可持续时尚品牌,他们通过提供透明的价格和供应链信息,以及采用环保材料和生产工艺来赢得市场。然而,市场上出现了越来越多的竞争对手,要在这个竞争激烈的市场中脱颖而出,Everlane 不断努力提供更吸引消费者的可持续产品。

3. 绿色营销的趋势

市场环境也受到绿色营销趋势的影响。社交媒体、数字营销和可视化内容的兴起使品牌能够更广泛地传播其绿色信息。这也意味着品牌需要更加创新和有吸引力的绿色营销策略,以吸引消费者的关注。

例如,Stella McCartney 的"Stella's World"是一个以数字化体验为特色的绿色营销活动,通过虚拟现实技术,消费者可以探索可持续时尚的背后故事。这种创新的绿色营销方法吸引了大量消费者的参与和互动,加强了品牌在市场上的知名度。

综上所述,市场环境在塑造可持续时尚服装绿色营销的发展方向和策略上扮演着关键的角色。消费者需求、竞争情况和绿色营销趋势都是企业必须考虑的因素,同时也为品牌提供了机会,通过创新和有吸引力的绿色营销策略,赢得市场份额并推动可持续时尚的普及。这些因素共同推动了可持续时尚的发展,为环保和社会责任提供了重要的商机。

通过以上的分析可以看到,可持续时尚服装绿色营销系统是一个集决策、实施和评估为一体的闭环系统,其运作受到内外部多种因素的影响。为了实现可持续发展和绿色营销的目标,企业需要在多个层面上作出努力,包括提升内部员工的绿色营销意识,制定并执行绿色营销计划,同时也要关注外部环境的变化,以适应市场的需求和发展趋势。

第四节　消费者参与与品牌忠诚度

可持续时尚服装的兴起不仅是一个产业趋势,还代表了消费者对于环境责任和道德消费的日益关注。品牌如果能够有效地吸引并维持这类消费者,就能够确保长期的市场竞争力和持续增长。消费者参与和品牌忠诚度在这一过程中起到了至关重要的作用。

一、消费者参与行为与品牌忠诚度的联系

对于可持续时尚服装品牌来说,消费者参与行为与品牌忠诚度之间的联系更为紧密。随着消费者对可持续性的关注逐渐增加,那些能够提供高质量、价格透明、有效宣传并保持正面品牌形象的品牌将更可能获得消费者的忠诚。

(一)产品和服务质量

在可持续时尚服装领域,产品和服务质量与消费者行为和品牌忠诚度之间存在密切的联系。高质量的产品和服务不仅增加了消费者对品牌的信任度,还有助于形塑他们的购物决策和品牌忠诚度。在可持续时尚领域,品牌不仅需要提供时尚、耐用的服装,还需要确保其生产方式对环境和人权无害。因此,产品和服务质量成为了消费者在可持续时尚购物中的一个关键因素。

举例来说,Patagonia 是一个充分体现了高质量产品和服务质量与可持续时尚的成功案例。

(1)高质量的产品。Patagonia 致力于生产高质量的户外服装,注重材料选择和制造工艺,以确保其产品的耐用性。这使得消费者在购买时可以相信他们正在投资一件经久耐用的衣物,而不是一时的时尚。

（2）环保承诺。Patagonia 的产品质量与其对环境的承诺相辅相成。品牌积极推动可持续生产和消费，采取措施减少环境影响，如使用可持续材料、推动回收和循环利用等。这一可持续性承诺使得消费者对品牌产生信任，因为他们知道购买 Patagonia 的产品也是对环保事业的支持。

（3）服务质量。Patagonia 还以其卓越的客户服务和售后服务而著称。他们积极响应客户问题，提供个性化的建议，确保消费者在购物和售后过程中有良好的体验。这种关怀和服务也加强了消费者与品牌之间的联系。

由于上述策略的成功执行，Patagonia 赢得了大量的忠诚客户。这些客户不仅对品牌的产品质量感到满意，还因为品牌的环保承诺和卓越的服务质量而愿意一再购买 Patagonia 的产品，甚至成为品牌的支持者。这清楚地表明了高质量的产品和服务质量与可持续时尚的消费者行为和品牌忠诚度之间密不可分的联系。品牌通过提供高质量的产品，保持对环境的承诺，并提供卓越的客户服务，成功地建立了长期的客户忠诚度。

（二）价格

尽管可持续服装可能相对传统服装更昂贵，但正确的定价策略可以确保品牌在目标市场中获得成功。消费者通常愿意为高质量、环保和公平贸易的产品支付更高的价格。因此，在可持续时尚领域，品牌需要仔细考虑定价策略，以平衡产品成本、可持续性投入和消费者需求。

举例来说，Everlane 是一个成功实践价格策略的品牌，他们以透明的定价策略而闻名。

（1）透明的成本显示：Everlane 以其透明的价格策略而著称，他们在网站上明确显示了每件商品的成本，包括原材料、制造、运输和品牌利润。这种透明性使消费者能够了解他们购买的产品的真实成本，增加了信任度。

（2）案例分析：当 Everlane 首次推出一款名为 "The Day Glove" 的女士鞋时，他们在网站上详细列出了每个成本项，如皮革、鞋底、运输等。这让消费者明白他们所支付的价格背后的原因，并认为这是一个合理的交易。这种透明性增强了消费者对 Everlane 的信任，使他们更愿意购买该品牌的产品。

（3）合理的价格定位：Everlane 采用合理的价格定位，旨在提供高质量的可持续时尚产品，同时保持相对竞争性的价格。他们努力在高品质和可负担性之间寻找平衡点，以吸引更广泛的消费者。

（4）可持续性投入的传递：Everlane 通过价格策略将可持续性投入传递给消费者。他们的产品定价中包括了环保和社会责任成本，消费者可以理解这些成本是为了支持可持续发展。

（5）当 Everlane 推出"ReNew"系列时，他们将每件产品的环保成本包括在价格中，以支持塑料回收和再利用。消费者不仅可以购买高质量的产品，还可以积极参与环保行动，这种价格策略赢得了消费者的支持和忠诚。

综上所述，价格在可持续时尚服装领域发挥着至关重要的作用。品牌需要考虑产品的成本、质量、透明性和可持续性投入，以制定合适的价格策略。透明的价格策略、合理的价格定位以及将可持续性价值传递给消费者都是成功的案例，这些策略有助于建立忠诚的消费者群体，支持可持续时尚的发展。

（三）宣传和促销策略

在可持续时尚领域，正确的宣传和促销策略对于吸引更多的消费者并建立品牌忠诚度至关重要。宣传和促销不仅有助于传达品牌的可持续性价值观，还可以增加品牌知名度，塑造品牌形象，并促使消费者购买可持续时尚产品。

以 Stella McCartney 为例，这是一个成功实践宣传和促销策略的奢侈可持续时尚品牌。

（1）强调对动物权益和环境的承诺：Stella McCartney 将其可持续性价值观融入品牌 DNA 之中，强调其对动物权益和环境的承诺。他们使用环保材料、不使用皮草和皮革，并关注产品的可持续生命周期。这种强调有助于吸引关心这些问题的消费者。Stella McCartney 的"Fur Free Fur"系列是一个明显的例子，该系列使用了替代皮草的材料，以传达品牌反对动物皮草的立场。这一举措不仅引起了媒体的广泛关注，还吸引了一群注重动物权益的消费者。

（2）与名人合作：Stella McCartney 积极与名人合作，如 Billie Eilish 等，以进一步提高品牌的知名度。名人代言不仅能够将品牌推广到更广泛的受众中,还可以传递品牌的可持续性价值观。Billie Eilish 与 Stella McCartney 的合作是一个成功的示范。Billie Eilish 是一位备受年轻一代喜爱的流行歌手,她的合作引起了年轻消费者的关注,使他们更加关注可持续时尚。

（3）数字营销和社交媒体:Stella McCartney 积极利用数字营销和社交媒体,与受众互动,分享可持续时尚的故事,以及品牌的最新消息。这种互动性有助于建立与消费者之间更紧密的联系。Stella McCartney 的社交媒体账户充满了与可持续时尚相关的内容,包括环保举措、可持续材料的使用和品牌活动。他们积极回应关注者的问题和评论,建立了积极的品牌社群。

通过上述策略的成功执行, Stella McCartney 不仅增加了其品牌知名度,还建立了强大的消费者忠诚度。他们的宣传和促销策略不仅传达了品牌的可持续性价值观,还吸引了关心这些问题的消费者。这表明正确的宣传和促销策略可以在可持续时尚领域中发挥关键作用,有助于品牌的成功和持续发展。

（四）品牌形象和声誉

在可持续时尚领域,正面的品牌形象和声誉至关重要。这是因为可持续时尚品牌的核心主要基于诚信、透明和责任。消费者愿意选择和忠诚于那些体现这些价值观的品牌,而品牌的形象和声誉是建立和维护这种信任的关键因素。

以 Eileen Fisher 为例,这是一个成功实践品牌形象和声誉管理的可持续女装品牌。

（1）诚信和透明度:Eileen Fisher 强调诚信和透明度,这体现在他们的供应链管理中。当该品牌发现其供应链中存在潜在的不道德行为时,他们没有掩盖或忽视,而是采取了积极的行动。在一次审计中, Eileen Fisher 发现了供应链中的潜在问题,包括工人权益和工资问题。相反于尝试掩盖,他们公开承认了问题,并采取了改进措施,确保改善工人的工作条件。这种诚实和积极的反应增强了消费者对品牌的信任,因为他们看到品牌愿意对自己的行为负责。

（2）可持续性价值观的体现:Eileen Fisher 将可持续性价值观贯穿于整个品牌的经营中。他们使用环保材料、支持回收和再利用,以及关注产品的生命周期。这种一贯性有助于建立品牌形象,并吸引那些关心可持续性的消费者。Eileen Fishe "Renew"项目是一个明显的例子,该项目旨在推动服装的回收和再利用。品牌积极推广这一项目,展示他们的可持续性努力,并鼓励消费者积极参与。这不仅提高了品牌的声誉,还吸引了更多支持可持续时尚的消费者。

（3）社会责任和活动参与：Eileen Fisher 积极参与社会和环境问题,并支持相关活动。这种社会责任的体现有助于建立品牌的声誉,让消费者认为他们是一个积极关心社会问题的品牌。Eileen Fisher 支持了一系列社会和环保项目,包括支持妇女权益和参与气候变化行动。这种积极的社会参与使品牌在社会中具有积极的声誉,吸引了共鸣和支持这些问题的消费者。

通过上述策略的成功执行,Eileen Fisher 不仅建立了积极的品牌形象,还赢得了消费者的信任和忠诚。他们的诚实、透明、一贯的可持续性价值观以及积极的社会参与,都有助于品牌的成功和声誉的建立。这表明在可持续时尚领域,品牌形象和声誉的管理是关键的,可以为品牌的持续成功和成长提供坚实的基础。

二、影响可持续时尚服装品牌忠诚度的因素

在时尚界,可持续性已经不仅仅是一个趋势,而是消费者对品牌的基本期望。但对于品牌而言,只有依赖于"可持续"这一单一标签是不够的。以下将详细探讨影响可持续时尚服装品牌忠诚度的因素。

（一）产品和服务的利用率

一个品牌的产品和服务被广泛利用,代表了它在市场中的接受度和影响力。当消费者经常且广泛地使用某个品牌的产品时,他们更有可能建立起与该品牌的情感连接和忠诚度。可持续时尚品牌在提供高质量、耐用、环保的产品和服务方面扮演着关键角色,这对于增强消费者的品牌忠诚度至关重要。

以 Adidas 的 Parley 系列为例,这个系列采用了回收的海洋塑料制成的材料,受到了广泛的欢迎和购买。

（1）创新的可持续材料：Adidas 的 Parley 系列引入了一种创新的可持续材料，即回收的海洋塑料。这个材料不仅有助于减少海洋污染，还表现出与传统材料相媲美的质量和性能。这使得消费者可以获得高质量的产品，并且与品牌建立了积极的关联。

（2）广泛的消费者认可：Parley 系列不仅仅是一项可持续性举措，还在市场中受到广泛的认可和喜爱。消费者喜欢这个系列的产品，因为它们与品牌的可持续性使命相一致，并且提供了具有竞争力的性能和设计。

（3）品牌形象和关联：由于 Parley 系列的成功，Adidas 与可持续性之间的联系在消费者心中得到了加强。消费者将 Adidas 视为一个积极参与环保行动的品牌，这种形象有助于建立忠诚度。

（4）社会共鸣：Parley 系列反映了当前社会对环保问题的关注，因此，它引起了社会共鸣。购买这个系列的产品让消费者感到他们正在为环保事业作出贡献，这进一步增强了品牌的忠诚度。

总而言之，Adidas 的 Parley 系列是一个成功的案例，说明了产品和服务的广泛利用对于可持续时尚品牌的忠诚度有着重要的影响。通过提供创新的可持续产品，获得广泛的认可，建立品牌形象和社会共鸣，品牌能够与消费者建立深厚的情感连接，增强其在市场中的影响力和忠诚度。这进一步证明了可持续时尚在满足消费者需求和建立品牌忠诚度方面的重要性。

（二）消费者忠诚计划

消费者忠诚计划通常为消费者提供奖励或激励，以鼓励他们再次购买或推荐品牌。这种计划可以进一步巩固消费者与品牌之间的关系，促使他们成为忠诚的品牌支持者。在可持续时尚领域，这种计划可以强化品牌的可持续性使命，吸引更多的消费者并建立忠诚度。

以 REI 的"合作伙伴"计划为例，这是一个成功实践消费者忠诚计划的户外装备和服装品牌。

（1）奖励和激励：REI 的"合作伙伴"计划为会员提供了多种奖励和激励，如年度退款、专享折扣和活动邀请。这些奖励鼓励了消费者的购买行为，并为他们提供了额外的价值。例如，会员可以根据他们的购买金额获得年度退款,这鼓励他们在 REI 购买更多的户外装备和服装。专享折扣也吸引了会员进行更多的购物,因为他们知道他们可以以更具竞争力的价格购买 REI 的产品。

（2）社区建设和体验:REI 的计划不仅提供了奖励,还强调了社区建设和户外体验。会员可以参加特殊的活动和户外冒险,这些活动不仅提供了乐趣,还增强了他们与品牌的联系。REI 的活动邀请会员参加户外冒险,如徒步旅行和露营。这些活动为会员提供了与品牌互动的机会,建立了更深的情感联系。会员之间也可以分享他们的户外经验,形成了一个互助的社区。

（3）可持续性使命的体现:REI 的忠诚计划还与品牌的可持续性使命相关联。他们强调了环保和社会责任,这与消费者关心的问题一致。REI 的可持续性努力包括推动户外可持续性、支持环保组织以及在可持续产品上的投资。通过与忠诚计划的结合,REI 强化了与消费者之间的可持续性价值观的共鸣,进一步增强了品牌的吸引力。

综上所述,REI 的"合作伙伴"计划是一个成功的案例,它展示了消费者忠诚计划如何在可持续时尚领域中发挥重要作用。通过提供奖励、建立社区、强化可持续性价值观,该计划不仅鼓励了消费者的购买行为,还加深了他们与品牌的情感联系。这证明了消费者忠诚计划可以为可持续时尚品牌的忠诚度和成功提供有效的支持。

（三）品牌社交媒体活动

社交媒体已成为品牌与消费者互动的重要平台。对于可持续时尚品牌来说,通过定期发布关于其可持续性承诺的内容、与消费者互动,以及组织相关活动,可以加深消费者的参与度和忠诚度。社交媒体提供了一个实时、广泛传播的渠道,使品牌能够与消费者建立更亲密的关系,传递其可持续性使命,增强品牌形象,以及提高忠诚度。

当涉及可持续时尚服装品牌的社交媒体活动时,一个出色的例子是 Levi's,这是一家世界著名的牛仔裤制造商。他们通过社交媒体成功地宣传其可持续性使命并建立了忠诚度。

（1）宣传可持续性使命:Levi's 在社交媒体上积极宣传其可持续性承诺。他们通过定期发布关于使用可持续材料、减少水消耗、降低碳排放等方面的消息来传达他们的使命。例如，Levi's 推出了 Water<Less 制程，该制程使用较少的水来生产牛仔裤，并在社交媒体上广泛宣传这一创新。当 Levi's 公开宣布其可持续性努力时，消费者对品牌的环保承诺产生了积极的回应。许多人通过社交媒体分享了 Levi's 的可持续性举措，这进一步传播了品牌的使命，吸引了更多的关注和支持。

（2）互动反馈：Levi's 积极与消费者互动，回应他们的问题和评论。他们鼓励消费者分享他们的 Levi's 穿着照片，并使用特定的标签，以便品牌可以在社交媒体上分享这些照片。通过与消费者的互动，Levi's 建立了更亲密的联系。他们回应消费者的评论，提供关于产品和可持续性的信息，以及鼓励消费者分享他们的 Levi's 时刻。这种互动增强了消费者对品牌的认同感和忠诚。

（3）组织相关活动：Levi's 在社交媒体上宣传和组织各种与可持续性相关的活动。他们鼓励消费者参加环保倡议、义工活动和社会责任项目。Levi's 的社交媒体活动与品牌的可持续性价值观紧密相连。例如，他们的 "SecondHand" 计划鼓励消费者购买二手 Levi's 牛仔裤，以减少资源浪费。这些活动吸引了消费者的积极参与，提高了他们对品牌的忠诚度。

综上所述，Levi's 是一个成功实践品牌社交媒体活动的案例。通过社交媒体，他们成功地传达了可持续性使命，建立了消费者的参与度和忠诚度，并吸引了更多的支持者。这再次证明了在可持续时尚领域，社交媒体活动对于品牌的成功和忠诚度至关重要。通过社交媒体，品牌可以与消费者建立更深厚的情感联系，传递其可持续性价值观，并吸引更多的支持者。

（四）消费者满意度

满意的消费者更有可能成为品牌的忠实支持者，它主要包括以下内容。

（1）优质客户服务：提供卓越的客户服务是提高消费者满意度的基本要素。品牌需要确保顾客在购物过程中获得良好的体验，包括友好的服务、及时的响应和解决问题的能力。消费者倾向于选择那些能够满足他们需求并提供卓越服务的品牌。例如 Zappos 是一家以出色客户服务而闻名的在线鞋类零售商。他们以 24/7 的客户服务热线、免费的退货政策和友好的客服代表而著称。这种卓越的客户服务使 Zappos 的消费者感到满意,并在很大程度上提高了他们的忠诚度。消费者愿意回购,并积极推荐 Zappos 给他们的朋友和家人。

(2)响应消费者反馈:品牌应该积极关注来自消费者的反馈,包括建议、投诉和意见。对于负面反馈,品牌应该及时采取措施并提供解决方案,以改善顾客体验。积极对待消费者的反馈能够表现出品牌的关注和关心。例如 Nike 通过其移动应用程序和网站提供了一个强大的反馈渠道。他们鼓励消费者分享他们的体验、评论产品,并提供建议。这些反馈对于 Nike 来说是宝贵的,他们积极关注并采取措施以改进产品和服务。这种对消费者反馈的积极态度有助于提高消费者满意度,使消费者感到他们的声音被听到和重视。

(3)问题解决能力:当消费者遇到问题或投诉时,品牌需要具备有效的问题解决能力。这包括快速的响应、针对问题的详细解释和合理的解决方案。当消费者感到他们的问题得到妥善处理时,他们更可能对品牌产生信任。

例如 Lululemon 是一家以瑜伽和运动服装而闻名的品牌。他们的客户服务团队以其快速响应和问题解决能力而著称。如果消费者在购买或产品使用过程中遇到问题,Lululemon 通常会提供快速的解决方案,包括退款或换货。这种能力有助于维护消费者满意度,并确保他们对品牌保持信任。

总的来说,消费者满意度对于可持续时尚服装品牌的忠诚度至关重要。通过提供卓越的客户服务、积极响应消费者反馈和有效解决问题,品牌可以建立强大的消费者关系,提高满意度,并鼓励消费者长期支持和忠诚。这些因素将有助于品牌在竞争激烈的市场中脱颖而出,并赢得消费者的信任和支持。

第五节　品牌危机管理与恢复策略

一、品牌危机管理策略

（一）预防措施

品牌可以预防危机的发生，维护其声誉，并在可持续时尚市场中取得竞争优势。这些措施不仅有助于品牌在道德和法规方面保持合规，还有助于满足越来越关注可持续性的消费者的需求。

（1）供应链透明度：可持续时尚服装品牌应该确保其供应链的高度透明度。这可以通过建立紧密的供应商关系来实现，与供应商建立长期的合作关系，确保他们遵守可持续性标准。定期审核供应链的各个环节，确保生产过程不涉及不道德或不合规的做法。透明度有助于监督供应链中的风险，并及早采取纠正措施。

（2）风险评估：可持续时尚服装品牌应该积极进行风险评估，以识别潜在的环境、社会和道德风险。这包括对供应链中的各个环节进行细致的审查，以发现可能存在的问题。此外，还应考虑市场和消费者的变化，以及政策法规的演变，以预测未来可能出现的危机。这些评估有助于品牌提前采取措施，预防问题的发生。

（3）可持续性标准和合规性：品牌应积极遵守可持续性标准和法规。这包括确保产品的制造过程符合环保法规和道德准则，如确保使用环保材料和工艺，遵循劳工法规，保障工人权益。与此同时，品牌应与行业组织合作，积极参与可持续性认证和倡导，以加强其在可持续时尚领域的声誉。

（二）透明沟通

透明沟通是可持续时尚服装品牌危机管理策略的核心组成部分。通过及时透明沟通，品牌可以更好地应对危机，保护其声誉，并维护消费者的信任。这些策略应与其他危机管理措施相结合，以确保品牌在面临挑战时能够有效地应对和克服。

（1）及时通知。在发生问题或危机事件时，品牌必须立即采取行动，并遵循及时通知原则。这意味着要迅速向消费者、媒体和利益相关者通报情况。延误或掩盖信息可能会导致信任丧失，因此诚实公开地面对问题至关重要。品牌应制定详细的沟通计划，确保信息的准确性和一致性，并在危机初期发布公开声明，明确解释问题的性质和品牌的立场。

（2）社交媒体管理。社交媒体在现代通信中扮演着至关重要的角色，品牌需要积极管理社交媒体平台。这包括定期监测品牌在各种社交媒体上的存在，回应消费者的负面评论和问题，并提供解决方案。要有效地管理社交媒体，品牌应考虑以下几点：①快速回应，在社交媒体上，时间非常宝贵。品牌需要迅速回应消费者的问题和关切，而不是拖延或忽视。在回应中要表现出关心和解决问题的决心；②公开道歉和修正，如果问题是品牌的责任，应当公开道歉，并明确采取措施来修正问题，同时确保问题不再发生；③信息传递一致性，在社交媒体上发布的信息应与其他官方渠道发布的信息一致，避免混淆和不一致性。

（三）危机应对团队

建立专业的危机应对团队可以帮助品牌更好地准备和应对各种危机，维护声誉，保持可持续性承诺，以及赢得消费者的信任。

（1）立专业团队。品牌应该建立一个多元化、高度专业化的危机管理团队，以确保在面临危机时能够迅速做出反应。这支团队可以包括以下核心成员。

①公关专家。负责危机沟通和管理品牌声誉的专业人员。他们应该具备危机沟通策略的经验，能够有效传达品牌的立场和解决方案。

②法律顾问。提供法律支持和法律意见的律师或法律团队。他们可以评估危机的法律风险，制定法律策略，并确保品牌遵守相关法规。

③可持续性专家。了解可持续时尚和环境社会治理的专家。他们

能够评估危机对可持续性承诺的影响，并提供可持续性方面的建议。

（2）危机演练。定期进行危机演练是确保危机应对团队能够有效行动的关键。这些演练可以模拟各种潜在的危机情境，包括供应链问题、环境污染、劳工纠纷等。危机演练应考虑以下要点：①情景规划，为不同类型的危机情境制定详细的情景规划，包括情况描述、团队成员的职责、危机应对策略和时间表；②模拟危机，通过模拟真实危机情境，让团队成员参与到演练中，以测试其应对能力和决策能力；③反馈和改进，在演练后，进行详细的反馈和评估，确定成功的方面和需要改进的领域。根据反馈结果更新危机应对计划和团队培训。

二、危机恢复策略

（一）遵守承诺

可持续时尚服装品牌在危机恢复策略方面的第一步是遵守其可持续性承诺。这一步骤的关键是修正问题，确保品牌采取切实行动，而不仅仅是口头道歉。以下是有关遵守承诺的详细策略，旨在确保品牌能够积极纠正问题并重新建立声誉。

（1）识别问题的根本原因：品牌必须深入了解危机事件或问题的根本原因。这可能涉及对供应链的详细审查、员工行为的调查、产品质量问题的分析等。只有明确了问题的根本原因，品牌才能采取有针对性的措施来修正它们。

（2）采取纠正措施：品牌应该制定具体的纠正措施，以解决问题。这可能包括：①供应链改进，如果问题涉及供应链，品牌应与供应商合作，确保符合可持续性标准，改进生产和采购实践；②道德修正，如果问题涉及不道德行为，品牌应采取适当的纠正措施，例如解雇涉及者、提供员工培训，以确保未来不再发生类似问题；③产品改进，如果问题涉及产品质量或安全性，品牌应采取措施修复或回收有问题的产品，并改进产品设计和制造过程。

（3）监测和报告：品牌应建立监测机制，以持续追踪纠正措施的效果。这可以包括定期的供应链审核、员工行为监控、产品质量测试等。同时，品牌应定期向利益相关者报告其可持续性改进的进展情况，以展示其承诺的可行性。

（4）学习和改进：品牌应将危机事件视为一个学习机会，以改进其可持续性实践。这可能包括重新评估供应链策略、改进危机管理计划、提高员工培训水平等。通过吸取教训，品牌可以避免将来再次陷入类似的危机情境。

（二）重新建立信任

重新建立信任是可持续时尚服装品牌危机恢复策略的核心部分。这一过程可能需要时间，但坚定的承诺和行动将最终帮助品牌恢复声誉并重塑其在市场中的地位。

（1）品牌价值观强调：在危机后，品牌需要通过各种方式重新强调其可持续性价值观和使命。这可以通过以下方法实现：①广告和营销活动，品牌可以利用广告和营销活动来传达其承诺可持续性的信息。这些广告可以强调品牌在环保、社会责任、道德生产等方面的实践，并展示其对可持续时尚的坚定信念。②社交媒体策略，品牌应积极利用社交媒体平台，发布内容，突出其可持续性价值观。这包括分享可持续实践、参与可持续性对话，以及与关注可持续发展的社交媒体用户互动。③公共演讲和活动，品牌的领导团队可以参加公共演讲、可持续性活动和行业研讨会，以展示其对可持续性的承诺和领导地位。

（2）与利益相关者对话：积极与消费者、供应商和其他利益相关者进行对话是重新建立信任的关键一步。品牌可以采取以下方法来实现这一目标：①开展调查和反馈机制，品牌可以定期进行消费者调查，以了解他们的需求、担忧和期望。同时，建立反馈机制，鼓励消费者提供反馈和建议，以便品牌更好地满足他们的需求。②供应商合作，与供应商建立更紧密的合作关系，促进可持续供应链的发展。品牌可以与供应商共同制定可持续性目标，共享最佳实践，并确保供应链中的可持续性实践得以强化。③利益相关者会议，定期组织会议或工作坊，邀请消费者、供应商、NGO 等利益相关者参与，共同讨论可持续性问题，听取他们的声音并分享品牌的策略和进展。

（3）透明度和可量化成果：品牌应坚持透明度原则，向利益相关者公开其可持续性努力的成果和进展。这可以通过发布可持续性报告、公开供应链信息、披露环境和社会影响等方式来实现。同时，品牌应设定可量化的目标,以便评估其可持续性进展。

(4)可持续性创新:品牌应不断寻求可持续性创新,以保持其在行业中的领导地位。这包括研发环保材料、探索可再生能源、改进产品设计等方面的努力。通过创新,品牌可以展示其对可持续性的长期承诺,并与消费者分享创新成果。

(三)制定长期计划

制定长期计划是可持续时尚服装品牌危机恢复策略的核心部分。这有助于品牌维护可持续性声誉,预防未来危机的发生,并在可持续时尚领域保持领先地位。这一长期计划的实施需要坚定的决心和持之以恒的努力,但将为品牌带来长期的好处。

(1)可持续性改进:品牌应该制定长期的可持续性改进计划,旨在解决潜在问题,确保类似问题不再发生。这一计划可以包括以下方面:①供应链审计,加强供应链审计,确保供应商遵守可持续性标准和法规。品牌可以建立更严格的审核程序,定期审查供应链的各个环节,以识别和解决潜在的问题。②员工培训,提高员工的可持续性意识和培训水平。品牌可以开展培训计划,教育员工关于环保、道德和社会责任的重要性,以及他们在实际工作中应采取的可持续性实践。③产品持续改进,致力于不断改进产品的可持续性性能。这包括使用更环保的材料和工艺、设计更可持续的产品、减少废物和污染等。品牌可以设定具体的可持续性目标,并在产品生命周期的各个阶段寻求改进。

(2)可持续性指标和监测:为了确保长期计划的执行,品牌应该制定可持续性指标,并建立监测和评估机制。这可以包括:①建立指标体系,确定可持续性的关键绩效指标,例如碳足迹、水消耗、社会责任得分等。这些指标可以帮助品牌量化其可持续性努力的成果,并识别需要改进的领域。②定期报告,定期发布可持续性报告,向利益相关者透明地展示品牌的可持续性成果和进展。这些报告可以包括详细的数据和分析,以便评估长期计划的有效性。③监测供应链,建立供应链监测系统,以实时追踪供应商的表现。这有助于发现问题并采取及时纠正措施,以确保供应链的可持续性。

(3)合规性和政策遵守:品牌应积极遵守相关的可持续性法规和政策。这包括环保法规、劳工法规、产品标准等。品牌应确保其可持续性实践符合当地和国际法规，以减少法律风险。

（4）利益相关者合作：与利益相关者合作是长期计划的关键一部分。品牌应积极与消费者、供应商、NGO、行业组织等合作，共同解决可持续性挑战。这种合作可以加强信息共享、共同研发解决方案，并增强品牌在可持续时尚领域的声誉。

第七章 | 可持续时尚服装的
营销管理与传播

在当今世界,可持续时尚服装不仅是一种流行趋势,更是一种必要的责任和机遇。本章的研究旨在深入探讨如何有效传播可持续时尚的理念和品牌,通过传播策略、多媒体和数字传播工具、环境故事的叙述与包装等方面,实现可持续时尚的市场推广。本章的学术价值在于为可持续时尚领域提供了深入的研究,有助于推动时尚产业向更加可持续和负责任的方向发展。本章的分析可以更好地理解如何将可持续时尚价值观传播给消费者,为品牌建设和市场推广提供新的思路和方法。此外,本章的研究还可以为传媒、广告、营销管理等相关领域提供实践经验和启示,为学术界和实际应用领域做出重要贡献,有望推动可持续时尚的进一步发展和普及。

第一节　可持续时尚服装的传播策略

联合国环境规划署（UNEP）携手联合国气候变化大会（UN Climate Change）于 2023 年 6 月 28 日在哥本哈根召开的《时尚宪章》上发布了《可持续时尚传播行动手册》（Sustainable Fashion Communication Playbook）。这是一份针对全球时尚行业面向消费者的传播者指南，旨在结合环境和社会因素，实现可持续发展目标。可持续时尚服装的传播策略可以结合《可持续时尚传播行动手册》中的指导原则，并遵循联合国环境规划署以及时尚宪章的建议。

一、打造基于科学的传播内容

可持续时尚服装的传播策略至关重要，它需要以科学为基础，传递可持续性的核心理念，同时提高透明度，引导消费者做出更明智的购买决策，以减少环境影响。

（一）利用科学研究和数据传播可持续性

科学研究在服装材料选择上的应用：科学研究可以专注于探索和验证可持续服装材料的环保性能。比如，研究天然纤维和再生材料的生命周期，评估它们在生产过程中的资源消耗和环境影响。通过发布这些研究成果，可以教育消费者和制造商选择对环境影响较小的材料。

利用数据展示可持续服装的环境益处：通过收集和分析数据，如节水量、减少的碳排放量和废物量，来展示采用可持续服装生产方法的具体环境益处。这些数据可以通过图表和报告的形式，直观地展示给消费者和业界人士，以促进对可持续服装的认识和选择。

此外，分享那些成功实施可持续生产模式的服装品牌和制造商的案例。这些案例可以包括使用环保材料、采用节能生产工艺、减少废物和水耗等实践。这样的案例研究不仅提供了实际的操作示例,也为消费者和行业提供了可行的可持续选择。总之,通过科学研究和数据的力量,可以更有效地推广可持续服装的理念,帮助消费者和行业内部人士理解并采纳更环保的服装生产和消费方式。

（二）调整营销信息,避免过度消费

强调循环经济理念:传播循环经济的理念是至关重要的,这涉及鼓励消费者购买耐用、可维修、可回收或可持续来源的服装,以此延长产品的寿命周期。这种做法基于科学研究,指出过度消费对环境产生的负面影响,包括资源的浪费和废弃物的增加。

突出服装的质量和长期价值:品牌应调整其营销信息,更多地强调其产品的质量和长期价值,而不是过分追求新颖性和即时性。这反映了可持续时尚的核心理念,即购买高质量、耐用的服装可以减少频繁更换和浪费。

减少快时尚的吸引力:鉴于科学研究已明确指出快时尚模式对环境和社会的不良影响,品牌应传达这些问题,并鼓励消费者在购买时考虑到可持续性,而不是被过度的促销活动所吸引。

综合运用这些策略,可持续时尚服装的品牌不仅可以提升自己的声誉,还可以助力减少时尚产业对环境的负面影响。通过这种方式,品牌和消费者共同推动行业向更可持续的方向发展,同时确保科学研究和数据的支持作为决策和传播的基础。

二、倡导可持续的生活方式

倡导可持续的生活方式是传播可持续时尚的另一策略,它涉及创造新的故事、鼓励消费者做出有意识的选择,并赋予他们要求更大行动的能力。

（一）创造和传播新的故事和榜样

创造可持续时尚的故事:品牌和行业利益相关者可以通过讲述关

于可持续时尚的新故事来吸引消费者。这些故事可以突出服装的品质、耐用性、创新和独特性。例如,讲述一个服装品牌如何从可持续的农场采购原材料,或者介绍一个设计师如何创造既时尚又环保的服装系列。这些故事应该传达一个核心信息,即可持续时尚是一种长期的投资,而不仅仅是一种短期趋势。

展示可持续时尚的榜样:通过展示那些实际实践可持续时尚的人物,品牌可以激励消费者改变他们的消费习惯。这些榜样可以是明星、时尚博主、品牌创始人等,他们通过自己的穿着选择和生活方式展现了可持续时尚的魅力。例如,一个知名人士在公开场合穿着由回收材料制成的高级时装,或者一个影响力博主分享他们的可持续服装收藏,这些都能有效传达可持续时尚的价值观和生活态度。

通过这些策略,品牌不仅能够传递可持续时尚服装的重要性,还能够激发消费者的情感共鸣,从而推动他们朝着更可持续的消费方式迈进。这种方式的传播不仅有助于建立品牌形象,而且对推广整个时尚行业的可持续发展具有积极影响。

(二)鼓励消费者进行有意识的选择

支持本地品牌:品牌可以通过各种方式鼓励消费者支持本地制造的服装。购买本地品牌有助于减少长距离运输过程中产生的碳足迹,同时支持当地社区和经济。品牌可以通过讲述本地制造的故事,强调对当地社区的影响,以及展示本地设计师的独特创意和工艺,来吸引消费者对本地服装品牌的兴趣。

推广使用环保材料的设计师和品牌:品牌还可以推广那些使用环保材料的设计师和品牌,以此鼓励消费者选择更环保的服装选项。这可以通过合作、宣传活动、社交媒体推广等方式实现。通过这些活动,消费者可以了解到可持续材料的优势,比如有机棉、再生纤维和其他环保材料的使用,以及这些材料如何帮助减少环境影响。

通过这两种方式,品牌不仅可以提高消费者对可持续时尚服装的认识,还能促使他们做出更有意识的购买决策。这种策略有助于推动整个时尚行业向更加环保和社会负责的方向发展,同时也帮助消费者成为更负责任的时尚消费者。

（三）赋予消费者要求更大行动的能力

教育和认知提升：品牌和行业组织可以通过教育活动和信息传播来提高消费者对可持续时尚服装的认识和理解。这可以包括提供有关可持续性原则、服装的生产过程，以及可持续消费选择的信息。例如，举办研讨会、在线课程或公开讲座来教育消费者如何识别可持续服装，解释服装生产对环境的影响，以及介绍可持续服装品牌的实践。通过这种方式，消费者不仅获得知识，还能理解其消费行为的影响。

激励消费者采取行动：品牌可以通过多种方式鼓励消费者采取实际行动，如向企业和政策制定者提出要求。这可以通过倡导活动、启动签名请愿书、组织社交媒体运动等方式实现。例如，品牌可以支持或发起致力于提高服装行业可持续性标准的运动，鼓励消费者参与其中，向政策制定者或大型服装企业发出改变的呼吁。

三、与政策制定者合作，推动行业变革

在可持续时尚服装的传播策略中，与政策制定者合作以推动行业变革是一个关键步骤。这种策略重点在于通过建立和维持与政策制定者的合作关系，以推动更加环保和可持续的服装产业标准和实践。以下是实现这一策略的几个关键方面。

推动可持续服装生产的政策：与政策制定者合作，推动制定和实施专门针对服装生产的可持续政策。这些政策可以专注于服装的全生命周期，包括原材料的可持续采购、生产过程中的能源和水资源使用，以及最终产品的循环利用和废弃处理。通过确保这些政策覆盖到服装行业的各个环节，可以有效推动整个行业的可持续转型。

设立可持续服装标准和认证：与政策制定者合作，开发和推广可持续服装的标准和认证体系。这些标准可以包括对服装的环保材料使用、有害化学物质的限制、碳足迹的减少等方面的要求。通过这种方式，消费者可以更容易地识别并选择真正可持续的服装产品。

支持服装回收和再利用政策：鼓励政策制定者采纳促进服装回收和再利用的政策。例如，支持建立服装回收系统、鼓励创新的服装再制造技术，或提供回收和再利用服装的经济激励。

倡导透明和责任制度：与政策制定者合作，推动服装行业的透明度

和责任制度。这包括确保服装的生产和供应链的透明性,以及强制品牌对其可持续性声明负责。

促进本地服装生产的政策:推动政策制定者支持本地服装生产,以减少运输过程中的碳排放,并支持当地经济。这可能包括降低本地服装制造的税收负担,或提供创新和可持续生产方式的资金支持。

通过上述策略,品牌和政策制定者可以更有针对性地推动可持续服装的生产和消费,同时确保这些政策特别关注服装行业的特定需求和挑战。这样的合作不仅有助于环境保护,也能促进行业的长期健康发展。

四、利用时尚营销引擎

在可持续时尚服装的传播策略中,利用时尚营销引擎是一种有效的方法。这种策略的核心是利用时尚行业内部的营销工具和渠道来推广可持续服装,同时确保传播的内容和方式突出服装的可持续特性。以下是实现这一策略的几个关键方面。

(一)视觉营销

利用吸引人的视觉内容来展示可持续服装的独特性和吸引力。这可能包括高质量的摄影、时尚展示,以及创意的视觉广告,这些都是展示服装设计、质量和可持续特性的有效方式。通过视觉营销,品牌可以传递出可持续服装既环保又时尚的信息。此外,可以使用图形设计和动画来讲述可持续服装的故事,增加内容的互动性和吸引力。

(二)时尚博主和影响者合作

前面提过与时尚博主和其他影响者合作,让他们穿着可持续服装,并在其平台上分享这些体验。这些影响者可以通过他们的穿搭展示和生活方式,将可持续服装的理念传递给广泛的受众。除了传统的社交媒体帖子,还可以与这些影响者合作制作专题视频、播客或直播活动,深入探讨可持续时尚的话题。

（三）时尚秀和活动

组织或参与时尚秀和相关活动,专门展示可持续服装。这些活动提供了一个平台,可以直观地展示可持续服装的美感和实用性,同时也是与行业内部人士和消费者交流的机会。此外,可以在时尚活动中包括互动环节,如可持续时尚工作坊或圆桌讨论,以增加参与者的参与感和教育价值。

（四）合作式营销

与非时尚领域的品牌或组织合作,如环保组织、艺术团体或技术公司,共同开展跨界营销活动。这种合作可以打破传统时尚营销的局限,将可持续时尚引入更广泛的受众群体。总之,与艺术团体合作,可以通过艺术展览或装置艺术来展示可持续服装的美学价值。

（五）结合流行文化元素

将可持续时尚与流行文化元素相结合,例如通过电影、音乐视频或电视节目中的角色穿着可持续服装。这种策略可以将时尚与流行文化紧密联系起来,增加年轻消费者的兴趣和参与。

（六）持续时尚的游戏化

开发相关的手机应用或在线游戏,让用户在虚拟世界中设计、制作和展示可持续服装,以游戏化的方式吸引年轻消费者,并提高对可持续时尚的兴趣。此外,还可以通过游戏中的奖励系统,鼓励玩家在现实生活中采取可持续的行动,如服装回收或购买可持续产品。

综上所述,通过上述这些角色的积极参与,可持续时尚可以更广泛地传播,吸引更多的消费者,推动行业迈向更可持续的未来。这种策略不仅有助于品牌的成功,还有助于塑造社会文化和价值观,以支持可持续时尚的发展和普及。

第二节 多媒体与数字传播工具

一、多媒体传播工具——社交媒体平台

可持续时尚是指在设计、制造、分销以及消费过程中尽量减少环境破坏,注重资源的合理使用以及社会责任的一种时尚潮流。而社交媒体平台则提供了一个多元化的交流环境,使品牌和消费者之间的沟通更加直接和频繁。借助整合营销传播(IMC)的策略,可持续时尚品牌能够在社交媒体上更有效地宣传其理念和产品,进而推广环保理念和可持续消费行为。

(一)常见社交媒体平台

当前,在我国目前比较常见的社交媒体平台有:微博、微信、小红书、抖音等。

1.微博:情感联结与品牌故事

微博的特点在于信息传播速度快,影响力广。例如,中国本土可持续时尚品牌"NEEMIC",就通过发布关于可持续时尚理念的微博文章,结合实际案例和品牌故事,来强化品牌与消费者的情感联结。如同它们在2012年那时推出的系列服装一样,不仅使用环保面料,还在微博上详细介绍了这些面料的来源和生产过程,以此来传递品牌理念。

2.微信:私域流量与深度互动

微信是中国最具影响力的社交平台之一,品牌可以通过公众号发布深度文章、视频以及举办线上研讨会,来建立私域流量池,并和消费者

进行更深层次的互动。例如,"华丽志"是一个专注于可持续时尚的公众号,致力于传播"可持续时尚"最佳实践,及时分享全球时尚领域最新的可持续发展趋势,涵盖绿色低碳、循环经济、环保包装、环保新材料、可持续品牌、可持续零售和供应链等多个细分领域。通过分享可持续生活方式的文章,组织线上线下活动,成功吸引了一批忠实读者,并逐步影响他们的消费习惯。

3. 小红书:UGC 内容与社区影响力

小红书是基于用户生成内容(UGC)的生活方式分享平台,对时尚和美妆特别敏感。可持续时尚品牌可以在此平台上激励用户分享他们的使用体验和环保理念。例如,"艾格"通过与小红书上的环保博主合作,共同发布关于可持续时尚产品的使用体验和时尚搭配建议,利用社区力量来扩大品牌的声誉。

4. 抖音:短视频与快速传播

抖音的快速传播效应可用于推广可持续时尚的快闪活动、产品试穿展示等。抖音还可以利用直播的形式展示其可持续系列产品,直观地向消费者展示产品细节,并解答消费者的问题,实现即时互动。例如,H&M 中国利用抖音发布了"环保时尚挑战"的活动,鼓励用户上传自己的环保服装搭配视频,不仅传播了环保理念,同时也吸引了消费者对其回收系列产品的注意。

(二)案例分析

在中国,品牌的可持续时尚整合营销传播的成功案例之一是安踏的"绿色行动"计划。安踏是中国领先的运动装备品牌之一,近年来,它致力于推广可持续时尚,并在其社交媒体营销战略中融入了这一理念。

1. 微博:教育与情感连接

安踏在微博上积极推广其"绿色行动"计划,它不仅仅是在展示产品,更重要的是教育公众可持续时尚的重要性。安踏分享了如何使用回收材料来制作鞋子和服装,让消费者了解到他们购买的产品背后的环保故事。例如,安踏使用微博话题＃绿色行动＃,展示他们如何从废旧鞋子中回收材料来制作新产品,这种情感的连接和教育性内容吸引了大量的关注和讨论。

2. 微信:深度互动与顾客教育

安踏通过微信公众号发布深度文章,介绍其可持续产品的研发和设计理念,为消费者提供一个更加直接和私密的沟通渠道。在微信文章中,安踏详细介绍了可持续材料的选择、产品的生命周期评估以及如何提高产品的环保性。通过小程序商城,安踏还提供了一个方便快捷的购物通道,消费者可以直接购买到安踏的环保系列产品。

3. 小红书:UGC 内容与品牌认证

在小红书,安踏激励用户分享他们使用安踏环保产品的体验。通过与小红书上的 KOL 合作,安踏吸引了许多意识形态相似的追随者,并建立了以可持续时尚为话题的社区。在此平台上,安踏不仅分享产品信息,更鼓励用户发表关于环保生活方式的笔记,形成了良好的口碑传播效应。

4. 抖音:短视频营销

安踏利用抖音这个平台,发布关于其可持续产品的短视频内容。它们通过抖音挑战＃穿绿色安踏＃,鼓励用户分享穿着安踏环保产品的视频,使得可持续时尚的理念迅速在年轻人中间传播开来。

安踏还在抖音平台上开展直播带货活动,直观地展示了其环保产品的特点和穿着体验。在直播中,主播不仅展示产品,还会讲述产品的环保理念和制作过程,这种形式的直播增加了消费者对可持续产品的认知度,并促进了销售。

通过上述整合营销传播策略地实施,安踏成功地将可持续时尚的理念与品牌形象紧密结合,不仅在消费者中树立了良好的品牌形象,也促进了环保产品的销售,引领了中国运动品牌在可持续时尚领域的发展趋势。这样的策略实施证明了社交媒体在推动可持续时尚理念传播和产品销售中的重要作用。

二、数字传播工具——虚拟和增强现实技术（VR & AR）

可持续时尚服装行业正日益依赖虚拟现实（VR）和增强现实（AR）这类前沿技术来提升顾客体验、减少样品制作和物流的碳足迹,同时通过新颖的数字传播工具来吸引技术敏感的消费者群体。

（一）虚拟试穿

利用 VR 和 AR 技术实现的虚拟试穿体验允许消费者在不接触实体产品的情况下试穿服装。这不仅减少了因退货所产生的运输排放,也减轻了实体试穿对商品可能造成的损耗。

案例分析:优衣库的 Magic Mirror

虽然不是中国本土品牌,但优衣库在中国的门店推出的"Magic Mirror"技术就是一个典型的例子。这项技术使用 AR 将不同颜色的服装映射到顾客身上,用户可以在不更换实际衣物的情况下,快速预览多种服饰效果,提升了购物效率,同时减少了因试穿产生的环境负担。

（二）AR 滤镜与互动元素

AR 滤镜和其他互动元素能够鼓励用户将个人体验分享至社交媒体,这不仅扩大了品牌影响力,同时也让用户在享受趣味性体验的同时传达出可持续时尚的理念。

案例分析:阿玛尼 × 网易游戏《天涯明月刀》联动

阿玛尼与中国著名游戏《天涯明月刀》合作,推出了 AR 滤镜体验。用户可以通过社交媒体平台体验到穿上阿玛尼设计的游戏服装的效果,这种创新的跨界营销不仅拉近了游戏用户与时尚品牌的距离,也在年轻消费者中推广了可持续时尚的概念。技术的不断进步给了玩家们更多在虚拟世界中追求美的机会,而这种机会让天刀沉淀了一大批忠诚的女性用户,这与越发呈年轻化消费趋势的高奢时尚美妆品牌消费群体有着极高的重合度。

（三）虚拟时装秀

前两年受疫情的影响，线下时装秀受限，虚拟时装秀成为了推广可持续时尚的新途径。一些品牌设计师可以通过 VR 技术举办了虚拟时装秀，观众可以在家通过 VR 设备观看，不仅提供了全新的观赏角度，也大幅减少了举办实体时装秀的环境成本。

（四）京东 AR 试衣间

中国电商巨头京东推出了 AR 试衣间功能，消费者可以在京东 APP 内使用摄像头进行虚拟试衣。这不仅改善了在线购物体验，减少了不必要的退换货，还通过技术降低了可持续时尚产品的购买门槛。

（五）天猫 Magic Mirror

阿里巴巴的天猫也推出了名为 Magic Mirror 的 AR 试妆镜，虽然主要用于化妆品，但其技术同样适用于时尚服装。天猫通过这项技术提供给用户一个互动式的购物体验，不仅提高了用户参与度，也增加了购买意愿。

（六）淘宝直播的 AR 功能

淘宝直播推出了 AR 功能，使得主播在直播中可以实时试穿服装，观众可以更直观地看到穿戴效果。这种互动形式减少了因为想象力差异而产生的退换货，有助于可持续时尚产品的推广。

通过这些实际的应用案例可以看到，VR 和 AR 技术为可持续时尚服装提供了全新的传播途径。它们不仅增加了消费者的购买体验，也在某种程度上降低了试穿和退换货所带来的环境成本。在中国，随着技术的成熟和用户接受度的提高，VR 和 AR 在可持续时尚服装领域的应用将会越来越普及，对促进行业的可持续发展起到重要作用。

第三节　环境故事的叙述与包装

一、环境故事的叙述

（一）理论支撑

可持续时尚服装品牌环境故事的叙述是一个涉及可持续发展、品牌管理和环境伦理的多学科议题。在这个议题中，可以引入几个学术理论来支撑笔者的论述，包括可持续发展理论、品牌故事叙述理论和环境伦理。

（1）可持续发展理论。《我们共同的未来》报告（也称为布伦特兰报告）首次提出了"可持续发展"概念，定义为"满足当前需求而不损害未来代际满足需求的能力"。可持续时尚强调在设计、制造和使用服装过程中考虑环境保护、社会公正和经济可行性。

（2）三柱模型（Triple Bottom Line）。由约翰·埃尔金顿提出，它要求企业在财务业绩（Profit）之外，还要考虑对环境（Planet）和社会（People）的影响。

（3）品牌故事叙述理论。根据 Aaker 的品牌个性理论，品牌可以通过其故事来塑造独特的个性，这对于品牌识别和情感联系至关重要。费尔（Fog，Budtz，& Yakaboylu）在《Storytelling：Branding in Practice》一书中强调了品牌叙事的重要性，品牌故事能够提供一种情感和经验的框架，让消费者与品牌建立更深层次的连接。

（4）环境伦理。环境伦理学是哲学的一个分支，关注人类对自然环境的道德责任。亚尔多·利奥波德在《一只沙丘的札记》中提出了"土地伦理"，主张人类与自然环境的和谐共处。环境正义理论关注环境决策过程中的公正问题，即确保不同社会群体在环境利益和负担上得到公平对待。

结合这些理论,可以论述可持续时尚服装品牌在环境故事叙述上的实践。

（1）真实性原则：在叙述环境故事时,品牌必须确保其声明与其实际的环境实践相符,这遵循了社会责任和透明度原则。对品牌而言,维护故事的真实性是建立和保持消费者信任的关键。

（2）故事内容：品牌故事应包括以下元素：①起源,描述品牌为什么选择可持续方式,例如使用有机材料或非剥削性劳工。②过程,叙述从设计到生产再到分销的整个生命周期中,如何实现减少对环境的影响。③影响,展示品牌所采取措施对环境和社会产生的积极影响,比如减少废物、节省水资源、改善工人福利等。

（3）叙述方式：使用故事叙述的方法,如隐喻、象征和情节构建,能够更好地吸引消费者,传递品牌的坏境责任感。同时,通过故事讲述的方式,品牌可以将复杂的可持续性信息简化,使消费者更容易理解和记忆。

（4）文化和情感的结合：品牌可以通过融合地方文化和情感元素来讲述故事,从而在消费者心中建立起品牌的独特地位和情感联系。这些故事应该是共鸣的,让消费者感觉到他们的购买决策能够对环境和社会产生积极的影响。

（5）教育和倡导：品牌的环境故事还应该起到教育消费者的作用,让他们了解可持续时尚的重要性,以及个人消费行为对环境的长远影响。

结合上述理论来看,可持续时尚服装品牌在叙述其环境故事时,应确保故事的真实性和透明度,以及通过情感和教育的方式与消费者建立联系。这不仅有助于品牌建立可信赖的形象,也能够激励消费者参与到可持续生活方式中来。

（二）案例分析

基于可持续时尚服装品牌环境故事的叙述理论,以下是一个虚构的案例,展现了一个服装品牌是如何构建其可持续性故事的。

案例名称：EcoWeave（虚构品牌）

品牌起源故事：EcoWeave 的创始人是一对时尚界的夫妻,他们在一次到东南亚旅行中看到了纺织业对当地环境和社区的破坏。深受触动,他们决定创建一个时尚品牌,其核心使命是利用可持续的材料和公平贸易原则,以减少对环境的影响,并提高工人的生活标准。

可持续过程:EcoWeave 承诺使用 100% 有机棉和再生纤维来制造其产品。该品牌与当地农户合作,支持有机耕作,减少了化肥和农药的使用。生产过程中,品牌使用水循环系统来节省水资源,并采用太阳能和风能来供电。为了减少废物,EcoWeave 引入了一个回收计划,鼓励消费者将旧衣物回收,作为优惠换购新衣服的折扣。

社会影响:EcoWeave 不仅关注环境,还关心社会责任。它为工人提供公平的工资和安全的工作环境,同时投资于当地社区的教育和卫生项目。品牌每年都会发布一份透明报告,详细说明其努力如何提升工人的生活和保护环境。

故事叙述方式:EcoWeave 的品牌故事通过各种渠道传播,包括其网站、社交媒体、产品包装和广告。品牌利用情感化的影像和故事,如展示工人在阳光下丰收的有机棉花,以及清澈的河流反映出的环境改善,来与消费者建立情感联系。

文化和情感的结合:EcoWeave 的设计融合了当地传统纺织技艺,每一件服装都带有一张卡片,讲述这件服装背后的故事,比如它的材料是如何种植的,是谁制造的,以及它如何支持可持续的生活方式。这不仅赋予了产品深层的文化意义,也增强了消费者的品牌忠诚度。

教育和倡导:EcoWeave 定期举办研讨会和活动,教育公众有关可持续时尚的重要性,并提倡减少快时尚对环境的影响。品牌也与学校合作,引入环境保护课程,激发下一代的环境意识。

通过 EcoWeave 的故事可以看到,一个时尚品牌如何利用可持续性作为其核心价值,通过真实而有力的故事叙述,吸引消费者,并促进环境保护和社会正义的重要性。这个虚构案例展示了品牌可以如何有效地结合理论,创建有影响力和吸引力的品牌故事。

二、可持续时尚服装的包装

可持续时尚服装的包装设计和实践是该品牌可持续承诺的重要组成部分。在包装方面,可持续时尚品牌的目标通常是减少废物、使用可再生和可回收材料,并确保整个生产过程对环境的影响降至最低。以下是一些可持续包装的关键要素。

（一）材料选择

可回收材料：使用可回收纸张、纸板或其他易于消费者回收的材料。

可生物降解材料：选择玉米淀粉、蘑菇菌丝等可生物降解材料，这些在自然条件下可以分解，减少土壤和水的污染。

再生材料：采用已经回收的塑料或纸制成的包装材料，支持循环经济。

（二）设计创新

最小化设计：减少包装的尺寸和材料使用量，去除不必要的层次和装饰，以减轻包装对环境的负担。

多功能设计：设计可以再次使用的包装，例如将衣服包装转变为购物袋或储物容器。

无油墨和无毒墨水：使用植物基或水性墨水进行印刷，这些墨水对环境的影响较小。

（三）供应链管理

本地化生产：选择本地供应商进行包装材料的生产，以减少运输过程中的碳排放。

能效生产过程：确保包装材料的生产过程高效节能，采用太阳能、风能等可再生能源。

（四）消费者参与

包装回收计划：鼓励消费者将包装回收或退回给制造商以便重复使用。

教育信息：在包装上印刷如何回收或再次使用的指导，提升消费者的环境意识。

（五）合规和认证

环境标准认证：获得如FSC（森林管理委员会）认证，证明纸制品来自负责任管理的森林。

碳足迹标签：标注产品的碳足迹，让消费者了解其环境影响。

通过以上这些措施，可持续时尚品牌的包装不仅减少了对环境的负担，也成为传递品牌环境责任和提升消费者购买体验的重要手段。品牌在包装上的创新和实践也能够作为行业标杆，推动整个时尚行业向更加可持续的方向发展。

第四节　传播效果的评估与优化

一、传播效果的评估

评估可持续时尚服装品牌的传播效果是一个多维度的过程，以下是评估可持续时尚服装传播效果的一些关键指标和方法。

（一）市场表现指标

通过综合分析销售数据、市场份额以及客户满意度和忠诚度等市场表现指标，可以全面评估可持续时尚服装品牌的传播效果。这些指标有助于品牌了解市场对其产品的接受程度，竞争地位以及客户满意度，从而指导其进一步的传播策略和市场定位。

（1）销售数据。销售数据是评估可持续时尚服装品牌市场表现的关键指标之一。以下是一些重要的销售数据指标：①销售增长率，销售增长率反映了品牌在市场上的发展趋势。较高的销售增长率通常表示市场对可持续时尚产品的需求不断增长，品牌传播效果良好。②重复购买率，重复购买率表示消费者对品牌的忠诚程度。高重复购买率表明品牌能够留住现有客户，并吸引他们多次购买。这反映了品牌在传播中所传递的价值和质量。③销售额，销售额是一个直观的指标，显示品牌在市场上的业务规模。持续增长的销售额可能意味着品牌的传播策略和产品定位都相对成功。

（2）市场份额。市场份额是评估品牌在可持续时尚市场中的竞争地位的重要指标。市场份额相关的要点——与竞争对手相比，了解品牌市场份额与竞争对手相比的变化情况是必要的。如果品牌的市场份额不断增加，说明其在市场上的竞争优势正在增强。

（3）客户满意度和忠诚度。客户满意度和忠诚度是评估品牌传播效果的关键因素，这些因素可以通过以下方式衡量：①调查，定期进行客户调查，以了解他们对品牌的满意度和购物体验。调查可以提供有关客户需求和偏好的宝贵信息。②评分，客户评分和反馈机制可以帮助品牌了解他们的产品和服务的优点和不足之处。高分和积极的反馈通常是品牌传播效果的证明。③忠诚度，客户忠诚度可以通过客户的重复购买行为和推荐品牌给他人来衡量。忠诚客户通常是品牌传播成功的结果，因为他们愿意一次又一次地选择品牌的产品。

（二）环境影响评估

通过对碳足迹、资源使用和废物管理等环境指标的评估，可以更全面地了解可持续时尚服装品牌的环境影响。这些指标有助于品牌了解其可持续性表现，提供了评估品牌在减少碳排放、资源消耗和废物产生方面的努力的依据。这些数据可用于指导品牌进一步改进其可持续性实践，以减少对环境的不利影响。

（1）碳足迹。碳足迹是评估可持续时尚服装品牌环境影响的重要指标之一。以下是与碳足迹相关的关键要点：①计算方法，通过计算从生产到分销的整个过程中产生的碳排放量的变化，可以量化品牌的碳足迹。这包括纺织品的生产、运输、包装等环节。②变化评估，与传统服装品牌相比，可持续时尚品牌的碳足迹变化是否显著？这可以用来评估品牌在减少温室气体排放方面的表现。

（2）资源使用。资源使用是评估可持续时尚服装品牌环境影响的另一个关键因素。以下是与资源使用相关的要点：①水和能源使用，监测在生产过程中水和能源的使用情况是重要的。品牌是否采用了水和能源节约措施？这可以反映品牌在资源可持续性方面的努力。②材料选择，品牌使用的材料是否来自可再生资源或回收材料？选择环保友好的材料有助于减少资源消耗。

（3）废物管理。废物管理是评估可持续时尚品牌环境影响的第三个关键领域。以下是与废物管理相关的要点：①包装和材料浪费，品牌是否采取措施减少包装和材料浪费？评估这些措施的效果可以揭示品牌在废物管理方面的表现。②循环经济实践，可持续时尚品牌是否采用了循环经济原则，如回收和再利用材料？这些实践可以降低废物产生，减轻环境负担。

（三）数据收集和分析工具

调查问卷、数据分析软件、焦点小组和深度访谈等数据收集和分析工具在评估可持续时尚服装品牌传播效果时都发挥着重要作用。这些工具帮助人们收集定量和定性数据，以深入了解市场表现、消费者见解和意见，为品牌传播效果的综合评估提供了必要的支持。

（1）调查问卷。调查问卷是一种常用的工具，用于收集消费者反馈和意见。以下是与调查问卷相关的要点：①设计问卷，问卷应设计得具有学术性，包括有关可持续时尚品牌的问题，以评估其传播效果。问题应涵盖销售、市场份额、满意度、忠诚度等方面。②问卷分发，问卷可以通过在线平台、电子邮件、社交媒体或实地调查等方式进行分发。样本的选择和代表性对数据的可靠性至关重要。③数据分析，收集到的问卷数据可以使用统计分析工具进行处理和分析。常见的分析方法包括描述性统计、相关性分析和回归分析等，以深入了解消费者的观点和态度。

（2）数据分析软件。数据分析软件是用于处理和分析销售数据、网站流量和社交媒体指标等数据的工具。以下是与数据分析软件相关的要点：①数据收集，销售数据、网站流量数据和社交媒体指标等可以通过各种工具和平台进行收集。数据应准确、全面且具有时效性。②数据处理，数据处理包括数据清洗、转换和整理，以确保数据的准确性和一致性。数据应该被组织成可以进行进一步分析的形式。③分析方法，数据分析软件可用于应用各种统计和分析方法，例如趋势分析、比较分析和预测建模，以深入了解销售趋势和市场表现。

（3）焦点小组和深度访谈。焦点小组和深度访谈是用于获取更深层次的消费者见解和意见的质性研究工具。以下是与焦点小组和深度访谈相关的要点：①焦点小组，焦点小组是一组参与者在研究者的指导下进行集体讨论的活动。它们可以用于探讨消费者对可持续时尚品牌的认知、态度和体验。②深度访谈，深度访谈是一对一的面对面或远程交流，通常持续时间较长，以深入了解消费者的观点和感受。这有助于揭示消费者的深层次需求和态度。

（四）长期跟踪与反馈循环

长期跟踪与反馈循环是评估可持续时尚服装品牌传播效果的关键步骤。通过建立定期评估机制、分析长期趋势和影响，并基于评估结果持续改进传播策略和实践，品牌可以更好地适应不断变化的市场环境，提高可持续性表现，满足消费者的期望，并实现长期的可持续发展目标。这一过程需要不断学习和创新，以确保品牌在可持续时尚领域的领先地位。

（1）定期跟踪和报告。包括：①设立定期评估机制，为了实现可持续时尚品牌传播效果的全面评估，必须建立定期跟踪和评估机制。这意味着在一定的时间间隔内，例如每季度或每年，对品牌的传播效果进行评估。②长期趋势分析，通过连续的数据收集和分析，可以观察到长期的趋势和模式。这有助于了解品牌在可持续时尚市场上的表现如何随时间变化，以及哪些方面需要改进。③影响评估，长期跟踪还有助于评估品牌传播对市场、社会和环境的长期影响。这包括了解品牌的可持续性实践对资源使用、碳足迹和废物管理等方面的影响。④定期报告，定期报告是将评估结果传达给内部和外部利益相关者的重要方式。这些报告应包含关键指标、趋势分析和建议，以支持决策制定和改进策略。

（2）持续改进。包括：①基于评估结果，评估的目的之一是识别品牌传播效果的强项和改进空间。基于评估结果，品牌应制定具体的改进计划。②优化传播策略，可持续时尚品牌应不断优化其传播策略，以确保它们与目标受众的需求和期望保持一致。这可能涉及品牌形象的调整、社交媒体营销策略的改进等方面的工作。③持续监测，品牌应继续监测改进措施的效果，以确保它们产生了预期的影响，并及时做出调整。④创新实践，为了在可持续时尚市场中保持竞争力，品牌还应积极寻求创新的可持续性实践和传播方法，以满足不断变化的市场需求。

二、传播效果的优化

为了优化可持续时尚服装的传播效果,品牌需要制定一个全面的策略,这个策略应该是动态的、适应性强的,并且能够通过有效的沟通和营销手段与消费者产生共鸣。以下是几个优化可持续时尚传播效果的策略。

(一)强化视觉传播

强化视觉传播是优化可持续时尚服装品牌传播效果的重要策略之一。通过高质量的视觉内容,这一策略需要与其他传播方法和战略相结合,以取得最佳效果。

高质量的视觉内容包括以下几个方面。

(1)图片和视频质量:品牌应确保所使用的图片和视频具有高质量,以展示产品的细节和特点。清晰、高分辨率的视觉内容有助于消费者更好地理解产品的质量和设计。

(2)色彩和构图:品牌在视觉内容中的色彩选择和构图应与其可持续性价值观相一致。例如,采用自然、环保的色彩和元素来强调品牌的可持续性承诺。

(3)故事叙述:视觉内容可以通过讲述故事来吸引消费者,让他们更深入地了解品牌的背后故事和使命,这有助于建立情感联系。

(二)增加互动性

利用线上平台进行互动活动这种策略有助于增强消费者与品牌之间的互动,建立更紧密的联系,并传递可持续性信息。

线上互动活动包括以下几个方面。

(1)线上问答:品牌可以定期组织线上问答活动,邀请专家或品牌代表回答消费者关于可持续时尚的问题。这有助于提供可靠的信息,并建立品牌的专业形象。

(2)竞赛和挑战:通过举办可持续时尚相关的竞赛或挑战,品牌可以鼓励消费者积极参与。例如,设计可持续服装的比赛或挑战,以促进创新和创意。

（3）互动直播：直播平台提供了与消费者实时互动的机会。品牌可以通过直播展示可持续时尚产品、分享可持续穿搭建议，并回答消费者的问题。

（三）数据驱动的决策

数据驱动的决策是优化可持续时尚服装品牌传播效果的关键。这一策略需要不断的数据收集和分析，并要求品牌团队具备数据驱动的思维和能力，以不断改进和优化传播策略。通过数据驱动的决策，品牌可以更有效地推广可持续时尚理念，吸引更多的消费者，推动可持续性发展。

数据驱动的决策包括以下几个方面。

（1）洞察收集。品牌应定期收集、整理和分析数据，以获得深刻的洞察。这包括了解哪些传播渠道和活动最有效，以及哪些需要改进。

（2）灵活调整策略。基于数据分析的结果，品牌应采取灵活的措施来调整传播策略。例如，如果某一社交媒体平台的互动率低，品牌可以考虑重新调整内容或改变互动方式。

（3）实时反馈。数据分析还允许品牌实时获取反馈，以便及时作出改进。通过监测数据，品牌可以快速识别问题并采取行动，以减小传播失误的风险。

（4）目标实现。数据驱动的决策可以帮助品牌更好地实现可持续性传播的目标。品牌可以根据数据调整策略，以确保更多的消费者接受可持续时尚理念，并采取相应行动。

（四）营销多元化

品牌可以结合多种营销渠道，如社交媒体、电子邮件营销、内容营销和事件营销等，以满足不同目标受众的需求，提高可持续时尚的可见性和影响力。营销多元化需要注意跟踪和分析，它包括：①综合数据，品牌应定期跟踪和分析各种营销渠道的数据，包括互动率、转化率、受众反馈等指标。②优化策略，根据数据分析的结果，品牌可以调整不同渠道的营销策略，以提高传播效果和实现可持续性目标。这一多元化的营销方法有助于品牌更好地传递可持续性信息，推广可持续时尚理念，提

高市场竞

　　通过这些策略,可持续时尚品牌可以更有效地与现代消费者沟通,提高他们的品牌知名度和市场份额,同时推动可持续时尚行业的发展。

参考文献

[1] 许可 . 服装造型设计 [M].3 版 . 上海：东华大学出版社,2018.

[2] 李卉,华雯 . 服装设计基础 [M]. 南京：东南大学出版社,2019.

[3] 王笠君,黄宇洁,项仲平,等 . 人物服饰造型设计实训教材 [M].北京：中国广播电视出版社,2010.

[4] 许可 . 服装造型设计 [M]. 上海：东华大学出版社,2011.

[5] 许星 . 中外女性服饰文化 [M]. 北京：中国纺织出版社,2001.

[6] 刘元风 . 服装设计教程 [M]. 杭州：中国美术学院出版社,2002.

[7] 朱洪峰,陈鹏,晁英娜 . 服装创意设计与案例分析 [M]. 北京：中国纺织出版社,2017.

[8] 陈晓鹏 . 服装设计管理教程 [M]. 上海：东华大学出版社,2013.

[9] 汪芳,颐花 . 现代服饰图案设计 [M]. 上海：东华大学出版社,2017.

[10] 汪芳 . 家纺图案设计教程 [M]. 杭州：浙江人民美术出版社,2009.

[11] 汪芳 . 服饰图案设计 [M]. 上海：上海人民美术出版社,2007.

[12] 董昭江,高鹏斌,张为民 . 消费者行为学 [M]. 北京：清华大学出版社,2012.

[13] 李永峰,乔丽娜,张洪 . 中国可持续发展概论 [M]. 北京：化学工业出版社,2014.

[14] 沈卫 . 形势与政策 [M]. 北京：航空工业出版社,2014.

[15] 陈继荣,郑宝 . 形势与政策 [M]. 北京：航空工业出版社,2014.

[16] 张红 . 形势与政策 [M]. 北京：中国建材工业出版社,2014.

[17] 高博,宋艳萍 . 消费行为分析 [M]. 郑州：河南科学技术出版社,2012.

[18] 高博,黄海燕,李学锋,等 . 消费心理学理论与实务 [M]. 北京：电子工业出版社,2017.

[19] 丁兆梅 . 中国特色社会主义理论体系的基本特征研究 [M]. 北京：中国社会科学出版社,2014.

[20] 柯水发 . 绿色经济理论与实务 [M]. 北京：中国农业出版社,2013.

[21] 佟贺丰 . 中国绿色经济展望 基于系统动力学模型的仿真分析 [M]. 北京：科学技术文献出版社,2015.

[22] 林红 . 生态文明建设与生态文明体制改革 [M]. 北京：中共中央

党校出版社,2015.

[23] 宋晓霞.服装人体工效学 [M].上海:东华大学出版社,2014.

[24] 江建平.全民宽裕论 [M].北京:人民出版社,2013.

[25] 田立新,龙如银,董高高,等.绿碳行为经济学:交互度量与边际响应 [M].北京:科学出版社,2021.

[26] 杨莉.环境不仅是绿色 [M].长春:吉林摄影出版社,2013.

[27] 谷莉,李静,刘娟,等.服装设计 [M].武汉:华中科技大学出版社,2011.

[28] 刘元风.服装设计学 2[M].北京:高等教育出版社,1997.

[29] 于惠川,林莉.消费者心理与行为 [M].北京:清华大学出版社,2012.

[30] 刘若琳.服装经典设计作品赏析 [M].北京:化学工业出版社,2020.

[31] 武丽.现代服装设计创意与实践 [M].北京:中国纺织出版社,2020.

[32] 孙恩乐.内衣设计 [M].北京:中国纺织出版社,2008.

[33] 王丽,程悦杰.服饰图案设计 [M].上海:东华大学出版社,2012.

[34] 李慧敏.地球是烫的 低碳是人类的必然选择 [M].北京:电子工业出版社,2011.

[35] 朱琴,安婷婷.服饰形象装扮艺术 [M].北京:化学工业出版社,2011.

[36] 潘煜双,徐攀,张来武.企业环境成本控制与评价研究 [M].北京:科学出版社,2014.

[37] 沈从文.中国古代服饰研究 [M].上海:上海世纪出版集团,2005.

[38] 张蕾,陆小艾,王雪琴,李加林."一片布"式零浪费服装款式及图案自动拼接设计 [J].丝绸,2018,55（12）:71-77.

[40] 贾玺增,李当歧.西方披挂式服装固定用具——Fibula 研究 [J].南京艺术学院学报(美术与设计版),2008（03）:163-166+202.

[41] 贾玺增,李当歧.江陵马山一号楚墓出土上下连属式袍服研究 [J].装饰,2011（03）:77-81.

[42] 王竹,袁惠芬,夏威,孟晓东.楚服的零浪费设计对现代服装设

计的启示——以"衣"为例 [J]. 河南工程学院学报（自然科学版）,2020,32（01）: 15-19.

[43] 刘军平. 服装设计的东西方解构——以三宅一生与爱丽丝·范·赫本为例 [J]. 艺术工作,2018（06）: 87-89.

[44] 谢静静. 基于环境意识的童装可持续消费行为研究 [D]. 上海:东华大学,2022.

[45] 卫保卫,孙庆国. 中国服装产业绿色发展内涵与措施研究 [J]. 南方企业家,2018（01）: 150-151.

[46] 刘思雨,安妮. 服装产业环境污染对消费者生态消费意愿的影响 [J]. 学术交流,2023（02）: 159-164.

[47] 李克兢,解珍. 展望以自然为本的绿色 [J]. 生态经济,2009（10）: 194-197.

[48] 刘可. 服装人体工学的应用与发展 [J]. 服装服饰,2013（1）: 81-85.

[49] 王丹. 服装设计中服装材料的运用及发展前景 [J]. 纺织报告,2021（7）: 65-66.